# 写给青少年的

## 心 理 学

杨家倩 编译

光明日报出版社

**图书在版编目（CIP）数据**

写给青少年的心理学 / 杨家倩编译 . —— 北京：光明日报出版社，2012.6（2025.4 重印）
ISBN 978-7-5112-2382-1

Ⅰ . ①写… Ⅱ . ①杨… Ⅲ . ①心理学—青年读物 ②心理学—少年读物 Ⅳ . ① B84-49

中国国家版本馆 CIP 数据核字 (2012) 第 076546 号

# 写给青少年的心理学

XIEGEI QINGSHAONIAN DE XINLIXUE

编　　译：杨家倩

责任编辑：李　娟　　　　　　　　　　责任校对：日　央
封面设计：玥婷设计　　　　　　　　　责任印制：曹　净

出版发行：光明日报出版社

地　　址：北京市西城区永安路 106 号，100050

电　　话：010-63169890（咨询），010-63131930（邮购）

传　　真：010-63131930

网　　址：http://book.gmw.cn

E－mail：gmrbcbs@gmw.cn

法律顾问：北京市兰台律师事务所龚柳方律师

印　　刷：三河市嵩川印刷有限公司

装　　订：三河市嵩川印刷有限公司

本书如有破损、缺页、装订错误，请与本社联系调换，电话：010-63131930

开　　本：170mm×240mm

字　　数：200 千字　　　　　　　　　印　张：14

版　　次：2012 年 6 月第 1 版　　　　印　次：2025 年 4 月第 4 次印刷

书　　号：ISBN 978-7-5112-2382-1-02

定　　价：45.00 元

# 前　言
## PREFACE

　　我们每个人都对心理学充满兴趣，不是吗？心理学围绕着每一个人，它是我们身边世界的一部分，也是我们自身的一部分。从初学走路的孩子令父母每天不得空闲，一遍又一遍地问"为什么"并执着地寻求着答案，到隔壁女邻居不停地问自己"为什么"，想要解答她生活中的种种困惑。每个人都有了解自己和周围事物的愿望，心理学正是帮助我们回答这些问题的老师。

　　心理学是一门发展中的学科，它致力于发现、理解和解释人的本质，是我们认识"自己"的行为和精神的一个过程。因为心理学是一张复杂的研究网络，所以仅仅一本书不可能涵盖所有的信息。本书的目的在于帮助青少年对心理学的关键理论有最基本的正确的理解，从而为进一步的学习奠定一定的基础。希望每一位阅读者都将心理学视为一门生活的学问，并且渴望汲取它给我们带来的那些营养。无论你曾怎样设想心理学，我都希望你先将这些设想放在一旁，从崭新的角度开始阅读。

　　无论你是否意识到，人们都通过每天向自己提出问题的方式，早已开始了心理学的学习，而且人们本能地对自己和他人的感情、行为和动机充满了好奇。通常，人们都在探索着自己所处的环境，并且评价着自己对它的适应程度。人们也总是不间断地接受各种感官知觉，并且处理着它们。以上这些，甚至更大的范畴，都属于心理学研究的领域。

　　为了打好基础，我们将首先学习心理学的不同分支，以及它们如何对现代心理学知识体系做出各自的贡献。探寻各种理论不断发展的进程，是一件十分有趣的事情。因为心理学是一门不断发展的学科，所以了解和阐明前人获得的知识也是不可忽视的。我们甚至会对过去使用的某些治疗手段感到震惊。

　　我们还将看到大脑的生物和生理作用，以及这些作用是怎样相互联结的。正因如此，我们才能够成为现在的自己——从人格到智慧，从动机到情绪。作为人类，我们是有惊人思维能力的复杂生物。没有两个人是完全相同的，因此我们还会探索造成这种不同的原因。

当然，一本心理学书籍若没有精神障碍方面的探查就不能算是完整的。这是一个令人着迷也令人恐惧的话题。电影、电视和纸质、网络等各种媒体让我们对精神障碍患者的生活有了一孔之见，但这些仅是一孔之见，而且通常是不正确的。例如，人们倾向于将精神分裂症与多重人格障碍混为一谈，虽然这两种障碍是完全不同的。精神障碍患者的世界对大多数人而言都是未知的，但它却带来了如此众多的影响。通过学习这些障碍和它们的起因、症状以及治疗手段，我们能够更深入地了解人类的精神世界。

心理学打开了一道自知的大门。青少年会在本书中找到许多答案来解释自己为何会以这种或那种方式做出感受和行为。学习知识总是有着更多的空间，如果能够更好地了解自己，我们就可以开始了解他人和周围的世界。所以，让我们现在就开始吧！

# 目 录
CONTENTS

第四章

# 什么使我们成为人类

第五章

# 我们如何体验世界

第六章

# 好心情，坏心情

# 第七章

# 我们为何这样做

# 第八章

# 改变意识状态

# 第九章

# 条件反射与学习

第十四章

# 应对生活的困难，实现幸福

第十五章

# 障碍：当思想和感情出错时

第十六章

# 心理疗法以及治疗的途径

## 第十七章

# 关于你自己和他人的思考

## 第十八章

# 社会的相互影响与人际关系行为

## 第十九章

# 人的发育：从受精到出生

第二十章

# 人的发育：幼年和童年

第二十一章

# 人的发育：青年期

第二十二章

# 人的发育：成年期、衰老和垂死

# 学习心理学的十大理由

1. 更好地了解自己，包括你的思想和行为。

2. 了解人类思维的生物及心理过程。

3. 学习如何应对不可控制的压力和环境因素。

4. 学会辨识精神障碍的各种症状。

5. 更好地理解我们怎样及为何与他人建立特定的联系。

6. 了解环境怎样影响我们，以及我们怎样影响环境。

7. 掌握判断正常与异常之间区别的能力。

8. 了解人类发育的各个阶段，它们怎样在精神及身体上对人类产生作用。

9. 熟悉应对精神障碍和其他心理问题的治疗方法。

10. 获得洞察他人行为的能力。

## 第一章

# 心理学的昨天和今天

心理学可能比你原本认为的更加博大精深。仅就我们所做的每件事情而言，心理学家们都已经或者正在从多个方面进行研究，即使现在还没有研究的那些也已经提到了日程上。心理学的目的，就是客观并且全面地解释人类的行为。

## 一、什么是心理学

心理学是一个内容宽泛并且多样的研究领域，从 19 世纪开始，心理学走过了相对粗陋的初期阶段之后，逐渐发展成为一门涉及人类生活各个不同方面的学科。现代心理学包含了多个专业领域，它们相互交织，成为一个复杂的研究和实践网络。不存在可以一概论之的所谓"心理学家"，也不可能有两个心理学家对他们所研究的学科给出完全相同的定义。如果你希望对心理学家们所做的不同工作做出透彻正确的评价，那么就请阅读本书吧。

具备一定的指导性基本概念，会对我们了解心理学有所帮助。首先有一条大多数心理学家都赞同的定义：心理学是一门研究生命有机体，着重于动物尤其是人类行为的学科。类似于这样的定义，对一些

### 知识点击

人们经常会将心理学与精神病学混为一谈，事实上它们是不同的。因为心理学可以被看作是"精神科学"，而精神病学则是"精神治愈"。精神病学家是指那些专门致力于了解和治疗精神及行为障碍的医生。许多心理学家也会研究和治疗上述障碍，但是心理学是一个远比此宽泛的概念。

关键性要素的说明陈述如下：

\* 心理学这一术语来源于两个希腊词汇psyche（灵魂或者自我）与logos（逻辑，换个词说就是科学）。

\* 心理学毫无疑问的是一门学科，一门强调通过精细地观察和实验寻求客观证据以支持其观点的学科。

\* 行为涉及一个生物体所做的任何事情，无论是能够直接观察到的还是需要经推断才能了解的。

\* 行为观察包括运用心理学家日臻老练的个人技巧和仪器测量、评估两种途径。

\* 只有通过推断才能了解的行为，迄今为止包括思想、感觉、动机以及许多其他"看不见"的却在我们思维中发生的活动。但在研究这些行为时，心理学家必须用那些可直接观察到的证据来支持他们的观点。

\* 据了解，一些心理学家正在从事植物以及非人类动物心理学等领域的研究，但是这些研究的绝大多数目的都在于加强对人类的了解，并在此基础上善加利用。

## 1. 心理学家做什么

曾经有一条界线将心理学家们分为两类：一类是从事"基础"研究的心理学家，他们的研究以知识本身为目的——就像一个物理学家探索了解宇宙的机制；另一类是从事"应用"研究的心理学家，他们研究的目的是解决个人和社会的问题——正如 ·个化学家为制药公司努力研制一种更有效的药物并将其投放于市场。换句话说，从事基础研究的是"实验"心理学家，从事应用研究的通常就是"临床"心理学家。

然而在最近几十年中，这一界线已经变得有些模糊不清了。下面列出的几种心理学家，有些在从事基础研究，有些在从事应用研究，有些在从事两种领域的交叉研究。在所有心理学家中，大约有一半属于下面列出的第一种，剩下一半中的小部分包含在其他几种中——其余更多的将在本书后面的部分中谈到。

· **临床心理学家**。研究并治疗精神和行为障碍，尤其是那些具有代表性的更为严重的情况。临床心理学家通常专门研究某一年龄层或者患有某种特殊障碍的人，精神疗法和心理测试是他们工作中很大的一个部分。

· **咨询心理学家**。他们的工作对象是那些患有轻微障碍的人，在婚姻或生活的其他方面心存困惑的人，需要职业选择指导的人。

· **认知心理学家**。他们可以分为许多种，但是他们有一个共同的兴趣，那就是了解基本的精神运动过程，比如如何思考、学习和记忆。

· **社会心理学家**。其研究兴趣主要在于个体如何影响他人以及如何被他人影响，这里包括了一个人的行为如何随着社会环境的改变而改变。

· **人格心理学家**。其兴趣有时候会和社会心理学家相互交错，因为他们关心的都是个体如何受到他人的影响从而成为现在的样子。但是，他们更关注静态的、不怎么随环境改变的人格特征。

· **发展心理学家**。主要研究人们在生命历程中如何成长和变化，从受精到死亡。他们通常会专门研究某个年龄阶段，或者发展的某一方面，比如人格、认知或者智能。

· **学校心理学家**和**教育心理学家**。他们的工作对象是教学机构中的孩子，关心的内容覆盖了从个体顺应到总体教育过程的整个范围。

· **工业或组织心理学家**。他们致力于工作环境的研究，通常关心从工作表现到组织过程和结构等等课题。还有一些工业或组织心理学家关注人类因素，比如人和机器之间的"适合"。

· **法律心理学家**。其研究涉及司法和校正的多种问题。这方面的一个业务领域就是鉴定以"精神错乱"为由提出的辩护。

· **认知和行为精神系统学家**。他们是这里谈及到的心理学家中刚出现的一类。他们研究大脑、思维和行为之间的关系，所以需要接受心理学和生理学两方面的广泛训练。

可能你已经注意到了，心理学概念通常都是相互交错的。除了以上列出的说明，认知心理学即使不是完全的，也在最大限度上超越了上述其他概念的界线，社会心理学与发展心理学的关键要素也是如此。现代心理学确实是一张各种业务领域与研究兴趣错综复杂的网络，但当我们从这些和其他方面具体展开探索研究的时候，头脑中仍然应该保持着一个统一的价值倾向，这即是在最近 20 年中，心理学家们已经逐渐达成共识，"完整"的人才是心理学最根本的研究兴趣所在，而并非发展或者行为的某些特殊方面。但是，如何求得"完整"，仍然是制约心理学发展的一大难题。

### 2. 心理学实践中的道德标准

在美国，心理学家必须在拥有执照后才能得到对个体或组织实施心理治疗的许可。"许可制度"既证明了他们曾经受过系统训练并且在专业领域拥有与时俱进的能力，也同样要求他们在对顾客进行心理治疗时严格遵守道德标准条例。这些严格缜密的道德标准由美国心理协会（American Psychological Association，APA）详细制定。该协会是美国最大的心理学组织，他们在制定这些道德标准时，还十分注意在许多细节上清楚地说明心理学家应该做什么和不应该做什么，以确保他们完成捍卫顾客人权与尊严的职业义务。

一名心理学家除了要恪守"胜任服务工作"和"不误诊"这两条道德标准之外，还要十分严格地遵循"心理学实践是具有保密性的"这一伦理道德。比如某人在接受心理治疗的过程中，他的心理医生未经本人书面同意，是不允许泄露任何个人信息的。如果心理医生泄露了病人的个人信息，那么将会引起诉讼，至少该医生要被撤销从业执照！

也有一些例外：一种情况是，在一桩犯罪案件中，法官发布了一条法庭指令涉及暴露当事者的隐私；另一种情况是，本人的陈述大意是企图伤害自己或者他人；第三种情况是科学知识的共享，只要以不表露本人身份的方式，他的心理医生就可以写下或与他人分享关于该案例的信息。但迄今为止最重要的仍是：个人的隐私权是个人与心理医生之间建立并保持关系的基础。

# 二、早期心理学

人们通常认为，威廉·冯特（1832 ~ 1920）于 1879 年在德国的莱比锡大学创立了世界上第一个心理学实验室，并把它看作是心理学诞生的标志。冯特提出通过内省法来研究人类的思维，用这种方法，尝试着洞察人们的内心的世界，并表述出当他们暴露于光或声等事物时的反应。

这一理论存在什么问题呢？虽然内省法作为一种研究方法存在了几十年，并在美国短期流行过，但它还是太过主观了。内省法常常会给出相互矛盾的信息，却没有办法证实其中的任何一个。

内省法也是美国的威廉·詹姆斯（1842～1910）在《心理学原理》（1890）一书中采用到的一种方法。这本著作被大多数心理学家认可为现代心理学开端的标志。詹姆斯深入且详细地描述了他的思想和感觉，并将此与感知、激动、记忆等心理过程相互联系。詹姆斯的很多观测结论虽然主观但是有其合理的成分，而且这些结论被之后的科学研究所证实。

**重要提示**

内省法以另一种方式存在了下来。在一些心理治疗的形式中，顾客或者病人被要求描述他们内心深处的想法和感觉，这些内容我们将在第十七章中有所涉及。

詹姆斯坚定地相信心理学应该是"精神生活的研究"。他还提出——这一点与查尔斯·达尔文（1809～1882）的"自然进化论"相一致——人类的精神进化成为今天这个样子是我们的远古祖先成功适应的结果。这一观点，被称为机能主义。虽然机能主义很快就失宠，但在 20 世纪后期它又重新出现，并作为现今进化心理学理论和研究的雏形而日益盛行。我们将在第三章中讨论进化心理学和其他几种了解行为的生物学方法。

# 三、心理分析

同一时期在奥地利，西格蒙德·弗洛伊德（1856～1939）正致力于心理分析理论的研究，这样的工作持续了将近 40 年。本书中还会多次提到弗洛伊德，并从不同方面对他的心理学理论做出详细介绍，但先有个整体把握对理解下面要阐述的心理学理论会有很大帮助。

19 世纪晚期，心理学界的主流观点认为人类是理性的生物，因为人类懂得逻辑和道德，这是和其他动物的重要区别。但弗洛伊德认为，人类绝不是理性的，相反，他们被自私的"动物性"驱使（比如对食物和性的渴望，以及弗洛伊德所说的人类固有的暴力冲动）。尽管这些冲动属于弗洛伊德所谓的潜意识，他还是宣称它们是具有生物性起源的，因此"动物性"要求需要得到满足。弗洛伊德的理论是一种快乐主义的观点，他认为人活着是为了获得快乐和避免痛苦。

当冲动受到阻碍，人们就会出现情绪方面的种种问题。面对真实存在或只是想象中的错误行为，人们心中会产生某种恐惧和罪恶感，这样的情绪有些在累积，有些因为太痛苦而不敢去想，于是变成了潜意识。随之而来的，那些不能被满足的冲动迫使我们的行为变得适应不良。当渴望与罪恶感由性本能引发

**重要提示**

我们确实具有"动物性"需求，只有动物性需求被满足，人才能够生存。这些需求包括了氧气、食物和水。我们也需要性，一些人将性需求也归为生存需求，但是性更多地与我们的传宗接代和物种延续相联系。与弗洛伊德的观点相反，许多人并没有把性放在那么举足轻重的位置上。

时，更是如此。弗洛伊德将这种性本能视为行为的根本决定力。因此，如果我们希望表现出理性和道德，并实现彼此的和谐共处，生命就成了一个为了满足欲望，但更多时候是为了抑制罪恶感而持续奋斗的历程。

弗洛伊德通过治疗那些典型的轻微障碍病人，发展完善了他的整套理论，并最终建立了被称为心理分析法的治疗方法。弗洛伊德的一些主张幸存了下来，但是他的很多其他理论——尤其是关于性本能是人类"根本驱使"的部分——已经不再受到重视。然而，弗洛伊德仍被视为心理学史上最具影响力的人物之一，他也是第一个尝试建立全面人格理论的心理学家。

# 四、行为主义

狭义行为主义所主张的是一种极端观点：只有可观察的行为才适于成为心理学的研究对象。狭义行为主义既反对内省法又反对心理分析理论，因为两者都企图研究内在的、不可观察的思维活动。经过多年发展，狭义

行为主义在某种程度上已经变得较为"温和"了，但其仅以可看到和可测量的事物为研究对象的基本主张，几乎统治了 20 世纪前半叶的整个美国心理学界。

人们常将狭义行为主义创始人的荣誉授予约翰·华生（1878～1958），但他太不应该成为候选人。虽然，在 20 世纪 20 年代初期，华生确实是该理论的代言人，但其真正的创始人应该是早他多年的两位研究者，他们是美国的爱德华·桑

代克（1874～1949）和俄罗斯的伊凡·巴甫洛夫（1849～1936）。

## 1. 桑代克的猫

桑代克的所有贡献中最值得一提的便是他的"效果律"，这是他从对实验室动物——主要是猫——的研究中总结得出的。简而言之，他认为：如果一个行为跟随着情境中一个满意情形（比如获得食物），那么在类似情境中再次重复这个行为的可能性将增加；但如果跟随着一个不满意或厌恶情形（比如经历疼痛），再次重复这个行为的可能性将减少。"满意"和"不满"可能听起来不像是狭义行为主义者会用的词汇，但是桑代克将"满意"定义为一种动物典型会去接近的东西，同时将"不满"定义为一种动物典型避免的东西——这也可以解释为何令人满意的行为会出现的问题。桑代克的工作为斯金纳（1904～1990）的操作式条件反射理论打下了基础。斯金纳是心理学历史上与弗洛伊德齐名的、最具影响力的人物之一，他的研究工作我们将在第九章中具体讲述。

## 2. 巴甫洛夫的狗

巴甫洛夫的功绩在于今天我们所谓的经典条件反射，从某种程度上讲，

这一理论起始于精神主义但归结为严格的行为主义。巴甫洛夫的工作也是一个意外成功或者说是偶然发现的例子。巴甫洛夫原本是一个研究狗的消化过程的著名生理学家，但富有传奇色彩的是，他观察到了一种现象并被其吸引，从此改变了研究方向。巴甫洛夫发现他的狗渐渐出现了一种倾向，那就是：在食物放到狗的嘴里之前，它们就会流涎。也就是说，狗学会了期待食物。与此相似，当人们走近一桌美味佳肴时也同样会流口水。

**重要提示**

狭义行为主义是针对在它之前出现的非科学方法提出的。随着时光流逝，之后提出的理论也在很大程度上反对着狭义行为主义、心理分析理论或两者兼有。另外需要加以说明的是现代科技所带来的影响，现代科技可以在十分精确的水平上实现对行为的测量，而这是早期理论家们可望而不可即的。

### 3. 当今的行为主义

当今的狭义行为主义者将他们的研究方向确立在发现适用于所有生命体的原理之上，包括了人类和所有其他生物。就像只将可观察行为当作科学研究对象的主张一样，这已经不是一个流行的研究方向了。不过，他们强调的科学方法对心理学发展仍有着十分深远的影响。在今天，严格的行为主义者已经所剩无几，但这一流派的遗产还是极具生命力的。现在的心理学家已经接受而非放弃了那些不能直接观察到的行为，但至关重要的仍是可以观察的、可信的证据。

桑代克、巴甫洛夫、斯金纳和他们众多追随者的工作成果已经被重新

**心理学大考场**

作为人，从根本上而言，我们只是自私的动物吗，抑或并非仅仅如此？

答案取决于你的见解。如果你相信，人在本质上是崇尚快乐主义的，那么我们基本上就只是动物。如果你相信，人除了自己的需求还有超越其上的更关心的事，我们就不只是动物。

解释。在条件反射的情形下，实验动物和人究竟"想"了些什么？上述心理学家的理论通过重新思考认知观点，已经得到了更加完善的理解。但这并非意味着条件反射的原理已经过时了，它们仍然解释了许多行为——对人或实验动物而言，皆是如此。

# 五、人本主义心理学和积极心理学

在 20 世纪中叶的很长一段时间里，一些人格论者都在高呼：人的行为绝不是简单地满足或控制那些动物性欲望，比单纯追求快乐和避免痛苦要复杂得多。无论心理分析理论还是狭义行为主义，都在解释人类行为方面具有局限性。他们在解释积极的和人类特有的欲望时都显得无能为力，比如帮助他人、家庭归属感和安全感以及竭尽所能成为一个优秀的人等等方面。

谈到人本主义心理学家，最著名的就是卡尔·罗杰斯（1902 ～ 1987）和亚伯拉罕·马斯洛（1908 ～ 1970）。他们的信条是：人类行为在许多重要方面不同于其他动物。虽然人类可能拥有和其他动物一样的需要，并且有时会十分自私，但更重要的是：我们是人类。我们拥有人生目标，我们有成长和自我实现的心理需求并且对此感觉良好，我们需要找到那些超越基本需求的幸福和快乐。人本主义者认为，积极的想法和希望才是人类行为最关键的方面，而这些恰恰是被心理分析家和狭义行为主义者忽略掉的。

由此，积极心理学随之而来，这是一种平行于人本主义的理论。马丁·塞利格曼是一位卓越的积极心理学拥护者。他认为：人们太多地关注于人类行为中那些不受欢迎和适应不良的方面，比如障碍和犯罪行为；而在了解那些好的事情上花费的工夫太少，比如带来幸福感的事情、智慧和成为社会的栋梁之材。这并不是说不受欢迎的行为不

**知识点击**

信息加工模型不全是在描绘人类的行为。你的计算机持续运行一系列的程序，但每次只处理一个字节的信息，即使当它同时运行多个程序的时候也是这样。相反，人脑却可以进行平行加工：每次思考一件以上的事情。

9

重要，只是表明受欢迎的行为也同样重要。人本主义心理学和积极心理学的详细内容及其影响将在第十四章中继续讨论。

# 六、认知心理学

认知心理学兴起于 20 世纪 60 年代，但其开端是在更早的时候，诞生标志是艾伦·纽厄尔（1927～1992）与赫伯特·西蒙（1916～2001）发明了信息加工模型。正如之前所论述的那样，认知心理学及其研究精神运动过程的科学手段，事实上已经被结合到了心理学的各个领域。在本书中，我们会一直领略到认知心理学的作用。

纽厄尔和西蒙建立在计算机模拟基础上的信息加工模型确实引发了一场"认知的革命"。简单来说，人类对信息的获取开始于外界环境的输入，之后，信息暂时储存在意识中以便即刻使用，比如我们查找一个电话号码并且将它拨出；或者，信息被进一步加工并被永久储存以供将来使用，比如根据记忆再次拨打这个号码。这一复杂过程中所涉及的步骤有编码、储存和提取，关于它是如何完成的，我们将在第十章中解答。

# 七、生物心理学

对主要心理学原理影响日益广泛的其他心理学领域，都可以划分到生物心理学的定义当中。大体上，这会涉及所有研究行为与身体机能之间关系的学者，但从目前来看，他们中最为重要的就是那些研究行为与大脑或者行为与思维间直接联系的心理学家。一些学者研究完全可观察的大脑－行为关系，他们就被称为行为神经系统学家。另外一些学者将其研究拓展到至今为止还不可观察的思维过程，他们则被叫作认知神经系统学家。

这两个阵营的心理学家都会利用极富经验的大脑扫描和监控仪器来研究人脑在应对外界事件或执行任务时做出的反应。他们的工作包括准确估定在一定条件下大脑活跃的区域，以及在大脑中信息流是如何发生的。他们的研究方法应用于各个领域，比如研究学习与记忆、感情、精神与行为障碍的生理学基础。

# 八、现代心理学中的文化、种族划分及多样性

**重要提示**

现在，许多科学家认为：无论如何，所谓的"人种"之说都是没有科学根据的。他们的一个重要理由就是所有现代人似乎都起源于非洲，也就是说我们拥有同样的祖先。另一理由是所谓的种族特征都是不明确的——你可以找到任何一种想象得到的肤色、面部特征的组合。总而言之，世界上只有一个人类种族。

从心理学发展初期一直到 20 世纪末，人们普遍认为所有人的心理机能都是相同的。同时，大多数心理学家都是北美或欧洲白人，他们主要的研究对象也是和自己相似的白种人。虽然也有例外存在，比如白种人与黑种人，男性与女性之间的比较研究，但研究对象仍旧狭隘地集中在诸如智力等几个有限话题上面。

大体上讲，心理学忽视了文化的影响，而文化正是那些用于区分人群的习惯、信仰和传统的总和。心理学家们同样不够重视种族划分，种族划分包含了一个人的文化，但传统上还包括生物遗传，例如"人种"的考虑。多样性也是如此，多样性强调的是种族、性别、性取向、年龄以及任何从心理学角度上可以始终如一地区别人群的其他方面。

人们常常将文化和社会这两个词替换使用，但它们之间却有一个显著区别。正如前面所说，文化包含了信仰、传统等十分抽象的事物。相反，社会是一个有组织的人的群体——一个实体事物。这种现象也正如人格包含于个体般，文化包含于社会。

在最近 20 年中，心理学家们逐渐意识到对文化、种族多样性的划分和思考有着巨大的潜在影响力，一场针对文化差异的研究浪潮也随之而来——事实上，时至今日，心理学研究者们对如何解决这一问题仍然抓住不放。心理学家的一个重大发现是：有两类人始终存在着心理学差异。一类人生活在个人主义文化背景之下，比如强调个人成就的西方社会；另一类人生活在集体主义文化背景之下，比如重视团体成就的亚洲社会。这两类人的比较研究已经对社会心理学产生了巨大的影响，这些内容我们会在第十八、十九章中看到。

## 第二章

# 心理学家如何获得信息

　　像其他科学家一样，心理学家也更喜欢那些能够确定 A 导致 B 的实验，这样的实验他们一年要操作并发表上千个。但是，实验并不总是可行的。幸运的是，心理学家还有各种各样的其他方法来获取信息。其中的大部分方法要么依赖于观察，要么依赖于人们对思想和感觉的自我报告。如果必要，心理学家也会进行动物实验。

## 一、实验——心理学的基础

　　心理学实验的基本思想是：研究者控制一种情形的某些因素，观察被试者或受试动物身上发生的反应，并将其作为实验结果。研究者所操纵和控制的因素称为实验条件。如果实验依照固定的程序操作，并且被试者或受试动物的行为依实验条件的改变而有所不同，那么研究者就可以得出结论:操纵引起了不同。

### 1. 实验一例

　　这里有一个研究儿童对攻击性行为模仿的经典实验，这个实验是 20 世纪 60 年代由著名社会 - 学习理论家艾伯特·班杜拉设计的。在这个实验中，3 组儿童分别被安排观看一段录像，片中讲述的是一个成年人"榜样"在打一个宝宝玩偶，并对它大吼大叫。所有儿童

> **知识点击**
>
> 　　当人作为心理学实验的研究对象时，他们就被称为被试者。当实验动物作为研究对象时，它们就被称为受试动物。

看到的录像都是一样的，只有结尾有所差别：甲组看到的是，"榜样"因为

做了一件好事——打宝宝玩偶，而受到奖励（被称赞）；乙组看到的是，"榜样"因为打宝宝而受到惩罚（被斥责）；丙组看到的是，"榜样"既没有受到奖励也没有受到惩罚。

接下来是实验的执行阶段。让每个儿童都单独与一个宝宝玩偶玩耍，研究者关心的是："榜样"的行为中有多少会被儿童所模仿？至此为止，没有意外出现。看到"榜样"被惩罚的儿童很少模仿"榜样"的行为，而看到"榜样"被奖励或者既没被奖励也没被惩罚的儿童明显更多地模仿了"榜样"的行为。

最后是学习阶段。在这一阶段，每个儿童都会因模仿"榜样"的行为而受到奖励。出乎意料的是：每组儿童之间的不同消失了，所有的儿童都争先恐后地模仿"榜样"的样子去打宝宝玩偶。也就是说，所有的儿童都已经学会了虐待宝宝玩偶的每个细节。那些看到"榜样"被惩罚的儿童只有在时机对的时候，即存在被奖励的可能而非记忆中的被惩罚的可能时，才将这种习得表现出来。这一实验及其之后的相关实验提供了一个重要的信息：儿童观看暴力电视节目和电影，如果最终"坏蛋"被抓起来了，那么关系就不是很大。相反，如果"坏蛋"没有被抓起来，儿童（以及成年人）会持续学习如何实施暴力和攻击，之后，他们会在条件看起来允许的时候运用这种学习成果，尤其是当他们认为自己不会被逮捕或者被惩罚的时候。

## 2. 优秀实验的要素

心理学实验者必须注意几个原则，并遵循详细而精准的步骤，否则，结果将难以解释，或者毫无意义。以班杜拉实验为参考，下面列出了设计实验

### 心理学大考场

**宝宝玩偶是什么？**

宝宝玩偶是一种曾经流行于西方的玩具，孩子们可以在它身上无害地"发泄"他们的攻击欲望。宝宝是一个软塑料做的充气玩偶，脸上永远是咧着嘴笑的表情，底部有一个弹簧和能起到稳定作用的铁块。当被攻击时，宝宝会倒下去，之后，宝宝会反复反弹直立起来迎接新的攻击。

所必须考虑的一部分重要原则：

* 应随机安排被试者到实验条件中去，以期望各实验组在各重要方面的性质都是相同的。班杜拉将儿童们随机安排，以使每组儿童在攻击性行为上都是相同的。

* 各实验组除了实验条件不同，必须具有完全相同的经历。在班杜拉实验中，所有儿童观看的录像只有结尾不同。

* 如果各实验组自身性质不同，即使除实验条件外都得到相同的对待，那么实验结果也将是令人困惑的：非实验条件因素可能是导致结果的原因。例如，班杜拉实验中，如果一组是在上午看的录像，而其他组是在下午看的录像，那么实验结果就会变得不能说明问题。因为下午组看录像时可能因为疲劳而没法那么集中精力。

* 实验中发生的情形必须与研究主题相关，这一原则的术语叫作操作型定义。班杜拉实验在操作型定义上也是合理的——将学习攻击性行为定义为受攻击性榜样的影响，将模仿定义为儿童打宝宝的程度。

* 操作型定义也决定了一个实验反映真实情况的程度，这被称为外部效度。班杜拉实验的定义和结果清楚明白地反映了儿童通过观察学习攻击的情形，这同样可以应用在许多真实世界的情景当中。

> **注 意**
>
> 即使这些原则都被遵循，研究者也不能基于一个实验就将结论无限制地推广。我们只能说儿童通过观察来学习攻击性行为，因为班杜拉实验已经被许多人成功地重现了。也就是说，在不同儿童、不同场景、不同程序以及各种其他形式的攻击性行为的条件下，类似的实验已被操作完成。

# 二、观察的学习

仔细、准确的观察对实验和大部分心理学研究而言都十分重要，但有些时候只是为了观察而观察，比如为了详述人和其他动物都在做些什么的观察等。自然观察是指日常场景中的观察行为，场景可能是学校操场、购物中心、高速公路、偏僻的村庄以及丛林等。例如，只要通过观察人们实行帮助和合作的情形，并将之与人们不实行的情形加以比较，研究者就可以洞察在人们的彼此帮助和合作中涉及了哪些因素。然后研究者就可以从更恰当的位置去设计实验，从而测定是什么导致了或者是什么阻碍了帮助和合作的发生。

实验室观察也是一个有力的工具。实验室场景可以是自然场景的模拟，也可以完全是人造的。实验室场景下的观察具有以下优势：研究者可以更有力地控制行为的发生，并且在适宜的情况下使用精密仪器。一个经典的运用仪器的实验室观察实验是20世纪60年代，威廉·马斯特与弗吉尼亚·约翰逊研究男性与女性性觉醒循环时设计的。实验中，在被试者们进行性交时，研究者对他们实施生理学测量。马斯特和约翰逊发现了在性觉醒循环上，男性与女性之间存在的基本不同，这一发现时至今日仍然具有重大的意义。

## 知识点击

马斯特与约翰逊实验中的被试者是否能够代表所有的成年人？对于这个问题的争论仍在继续当中。或许他们可以代表，因为在男性个体与男性个体之间，或女性个体与女性个体之间，存在的基本生理学差异是微乎其微的。但是如果你扪心自问：你会愿意在装上电极并有人旁观的情形下发生性行为吗？那些被试者是否在某些重要方面有些"与众不同"呢？

# 三、病历与访谈

一份病历是对一个个体的深入研究。弗洛伊德的心理分析理论就是部分建立在他的病人病历之上的，这些病历至今仍作为临床诊断和治疗的序幕而被使用着。病历由对病人的访谈组成，可能还包括对病人家庭的访谈，有时还会贯穿着病人的教育背景、司法记录以及工作经历，当然，这些都是在病人同意的情况下进行的。有时候，病历也是确定某些相对罕见的精神与行为障碍起源的一个途径。

无论怎样，心理学家的目的只有一个，那就是描绘一幅详尽、丰富的病人生活史及其过去与当前功能的图画。一份病历的完整性就是其优点，而像仪器以外的所有心理学研究手段一样，病历的主要缺点就是不能确定原因和结果。

访谈可以是病历的一部分，也可以在临床实践中完成更多的当下意图。比如精神状态测试，该测试的目的在于测定病人的当前机能。测试包括一些相对非正式性的问题，用于估测身体机能（你的睡眠好吗？你的食欲怎样？你的性生活是否存在问题？）、感情状态（最近你是否感到沮丧或者焦虑？）、认知机能（从100倒数至70。今天早餐你吃了哪些食物？）以及整体定位（今天是什么日子？你在哪儿？你为什么到这儿来？）。全科医师在为你做身体检查时，也可能会用

**重要提示**

研究者们发现患有"分裂"或"多重"人格障碍（如今称为分离性身份识别障碍）的人通常都有儿时受虐的经历，这似乎意味着虐待就是原因。但事实上并没有方法可以证明这一论点。

其中的某些问题来诊断你是否患有身体疾病或精神问题。

# 四、自我报告、问卷与调查

访谈是一种自我报告的方式，但是自我报告经常与研究者让人们填写的"纸笔"问卷相联系。问卷有多种形式，研究者针对被问者的信仰、态度、喜好、习惯、心情及其他方面设计问题或进行陈述，同时要求被问者对这些问题和陈述作出反应，比如简单的是、不是，或者更精确的强烈同意、同意、没想法、不同意、强烈不同意。心理学研究者们经常使用问卷以筛选实验参与者和评定实验结果。针对个体的问卷和针对大范围人群的调查都具有答案容易转化为数字的优点，这样更便于使用计算机进行分析。

问卷作为一种研究工具当然有其自身的缺点。当涉及一些敏感话题时，比如药物使用、性行为或对雇主的态度，被问者由于担心自己的回答并非真正地受到保密，往往不愿冒险给出真实的答案。一个更为普遍的问题是，即使人们想要真实回答也不能正确记得他们当时的行为，假设答案是一个大于0或者1的数字。你能否精确地记得去年自己曾经有过多少次性行为？

有些人甚至连上个月的都很难记清。

# 五、心理学测验

一些心理学测验也属于自我报告，但是这里的测验是指用于大范围人群并经过仔细润饰的调查表。测验结果经过统计学分析，交给研究学者或临床医生时，其代表的意义更加一目了然。

心理学测验主要包括两类：评估某种能力，或者评估人格。能力测验又可以分成两种：智力测验，评估你的智力或认知机能；成就测验，评估你获得学术或其他技能的进展情况。临床医生通常将智力测验归为诊断，而研究学者运用智力测验的方式与其运用自我报告时相同，就像上一部分描述的那样。成就测验用于评估小学时期的成绩，还有一些打算预测大学或其他高等教育中的名次。人格测验用于各种形式的自我报告，评估相对稳定的人格特征。它们也被用于诊断和研究精神与行为障碍。目前流行的人格测试将在第十三章中讲述。

# 六、统计学的重要作用

现代心理学离不开统计科学。一些统计仅仅是简单地描述研究数据，例如相关性，通过实验数据得到一个单独的数字，表示两个变量之间的相关程度。又例如，通常一组复杂的统计结果可以帮助研究者判断实验结果是否"真实"。

## 1. 相关性

在相互关系中，结果数可以从 0 到 +1.00，或者从 0 到 −1.00，数值的大小表示相关程度的强弱。相关性为 0 的情况是不存在的，相关性为 +1.00 或者 −1.00 是理想情况。

例如，要估定身高和体重之间的相关性，研究者先要测定一组人中每个个体的身高和体重，然后将数据联结到一个数学公式中。身高和体重的相关性通常是非常显著的，大约在 + .63 左右。".63"表示这是一个相对强

的相关性，"+"表示身高和体重同
向变化——更高的人趋向于更重，
更矮的人则相反。但是这个相关性
远不是理想情况，存在很多例外。

另一个例子是人们的血液酒
精含量与其驾驶能力之间的相关程
度。参与者先被要求饮酒，然后尝
试操作一台驾驶模拟器。将被试者
的血液酒精含量值与他们在模拟器
上所得的分数进行比较，研究者
得到相关性为 - .68 的结果。这又

> **知识点击**
>
> 变量可以是环境中的
> 或有关一个人的具有不同数
> 值的任何事物。一个房间中，
> 光或噪音的量是一个变量——
> 它使这个房间与其他房间有所不
> 同。对于人来说，身高和体重是
> 变量，智力、人格特征和可观察到
> 的一系列行为也都是变量，因为它们
> 使一个人与其他人有所不同。

是一个相对而言较强的相关性，"-"表示血液酒精含量与驾驶能力反向变
化——血液酒精含量越高，驾驶能力越低。

## 2. 推论统计学

起描述作用的统计学包括相关性、均值或平均数，以及本书后面将会
提到的其他描述性统计，它们的作用是描述或概括行为的某些方面，从而
更好地理解这些行为。推论统计从描述性统计出发，进一步发展从而令研
究者得出更富有意义的结论——在实验中尤其如此。这些发展的程序超出
了本书的范围，但其中的基本逻辑对我们了解心理学家如何获得信息十分
有帮助。

再次回想观察学习攻击性行为的班杜拉实验，只考虑"榜样"被惩罚
和"榜样"被奖励的两组。实验给出的情形是：前一组儿童少有模仿而后
一组儿童模仿显著。这一情形的真正含义是：基于统计学分析，两组样本
之间的差异足够大，并且足够始终如一，以至于可以排除只是"偶然"发
生的可能性。这也就是说，如果"榜样"的经历不是一个决定性因素，那
么要观察到两组儿童的不同表现就需要花费极其漫长的努力。因此，班杜
拉和他的同事们忽略了偶然的可能性，得到下面的结论：儿童所看到的"榜
样"的经历就是造成他们行为差异的原因。

心理学家研究的是在给定情形下人们行为的趋向，他们也意识到并非所有的人都会按预料的情况行事——就像在"榜样"被奖励的一组中的儿童，并没有全部都模仿"榜样"的所有行为。简而言之，问题的关键就是趋向是否足够强大——如统计学估定的——以保证得出原因与结果的结论具有充分的理由。

**重要提示**

这一逻辑似乎有些令人费解，但这并不妨碍我们掌握它以理解本书中的许多实验。事实上，它将不会被再次提及。在此提出它的目的在于强调人们远不像化学反应一样可以预料，因此必须用不同的方式进行研究——通常没有公式。

# 七、心理学研究中的道德标准

下面是一些在以人类为对象的心理学实验中需要考虑的基本道德事项：

＊心理学家不得在知情的情况下，仍有意进行可能造成任何立即、显著或持久性伤害的研究。心理学家可以使参与者感到不适或不快，但仅限于轻微的程度，并且在能够证明其正当的情况下。

＊ 研究参与者必须完全自愿，不得被强迫，他们可以在任何时候停止参与，不需受到处罚——甚至不必解释原因。

＊ 自愿参与的一个主要标志就是被告知后的同意。参与者必须被提前告知实验或其他研究尝试中预计发生的情况，并清楚地了解一点：在任何时候他们都可以停止参与。

＊ 虽然参与者必须被告知预计发生的情况，但研究者不必告知他们实验的真正目的——在这一方面，欺骗是被允许的。因为如果人们知道研究者真正感兴趣的是实验中的哪些内容，他们的表现就很可能失实。

＊ 当设计骗局时——通常是在以人类为实验对象的研究中——参与者在实验后必须被完全告知。就是说他们应该被告知实验的真相，并被允许提出问题和表述他们所关心的任何事项。

＊ 在心理学实践中，任何参与者的所有信息都是严格保密的，并且每一种科学尝试都必须在这一原则下进行。

与这些道德原则一致，至今为止大部分以人类为实验对象的心理学研究都是良性的。虽然得到批准的总是那些具有良好意图的研究，但心理学家实施这些研究时，仍会得出意料之外的结果，这就违背了心理学实验的初衷。在本书后面的内容里，我们会看到一些这样的例子。

**注 意**

如果你发现自己正处于一个心理学实验当中，比如响应当地媒体的一个广告。记住，你可以在任何时候不受处罚地停止参与。参与者通常是有报酬的，这条原则的意思是只要你开始实验，研究者就必须为你支付全部报酬——无论你是否完成。

在使用实验室或其他动物进行研究时，对于潜在伤害的原则当然不是那么严格。重要研究——尤其是那些具有实验性本质和冒重大风险的研究——只能使用非人类动物进行实验。

**知识点击**

以动物为实验对象的心理学研究——尤其是对它们有伤害的研究——近年来已经逐渐消失。即使实施，伤害也会保持在绝对最小水平上。

然而，现今的问题是：这样的实验是否真的具有正当理由？使用实验动物时，必须注意的主要原则是：应该人性地对待动物，这包括有责任心地照顾它们并注意它们的健康和需要。

## 第三章

# 心理学中的生物学

人体的各种生物机能好像行为活动的持续哼鸣，无时无刻不在进行着，只不过大多不为我们所知罢了。正常情况下，行为活动在我们的生活中有序协调地进行着。在本章中，我们要看一看神经系统和基因所扮演的角色，并且从进化的角度讲述它们是从何而来的。

## 一、神经元及其功能

认识神经元是了解人类神经系统的起点。人类神经系统由几十亿个神经元组成——据有些人估计，这个数字应该超过千亿——神经元有很多种，每种都有其高度专一的功能。然而，所有的神经元在一些关键性质上还是具有共性的。

### 1.神经元的基本结构

同其他细胞一样，神经元也具有细胞核以及维持其生命的其他活性结构。同其他细胞一样，神经元的细胞核中也含有基因，基因从根本上决定了神经元的性质。在生命的早期——大多是在妊娠阶段——这些基因就控制了神经元在神经系统成熟过程中的繁殖。

细胞核之外的结构与信息的处理有关。神经元用枝状结构树突和细胞体上更小的接收器位点来接收源自其他神经元细胞的信号。然后通过它的轴突末端将信号发送给其他神经元。轴突位于树突或接收器和末端之间，在适当条件下，它会将信号传导至末端。许多轴突具有髓磷脂鞘，其作用类似于电线外面包裹的绝缘材料。

## 2. 神经传导

神经元彼此之间并非直接连接，神经元的轴突末端和另一个神经元的树突或者接收器位点通过突触"连接"，突触中有一个跨越神经递质流的极小缝隙。尤其是在人脑当中，一个特定的神经元可以通过突触与上千个其他神经元相连，从而引发几万亿的相互联络——其复杂程度超乎想象，这也让我们看到了解开神经系统工作方式之谜是一项多么艰难的任务。

神经递质是一类微小的化学物质，可能存在几百个不同种类。一

**知识点击**

"神经崩溃"并不是它字面看起来的意思，在中文里，"精神衰弱"更接近它的准确含义。如果你的中枢神经系统像汽车引擎一样抛锚了，你的身体机能将根本不能运转，那么一切都完了。但是，一般意义上的精神衰弱是指在极大的压力下，失去了清楚思考和控制情绪的能力。在恰当的治疗和看护下，这些症状通常会在几天或几个星期后消失。

些神经递质对相邻神经元具有线性激发作用，另外一些神经递质则具有抑制作用。当神经元突触中的神经递质平衡达到足够水平时，轴突就开始"燃烧"，并向其他静止的神经元释放出神经递质，被激活的神经元继而释放出自身的神经递质以激活另外的神经元，于是这样的链式反应就无限地循环下去。

在大脑的不同区域里，如果出现某些神经递质的大规模过剩或缺少，就会对我们的思维过程、情绪及应激的整体水平造成影响。一方面，心理学家认识到酒精或其他"作用于神经的"药物——包括某些医疗用药——会改变特定神经递质的水平，从而对大脑产生影响。例如，"镇静"类药物通过改变某些神经递质的水平起到减慢大脑机能的主要作用，相反，"兴奋"类药物通过改变其水平会加速大脑的机能。另一方面，心理学家还发现神经递质与某些精神障碍有关。

# 二、中枢神经系统

中枢神经系统包括脊髓和大脑。脊髓主要容纳了神经的"电缆"（神经元束），

通过这些电缆，大脑与身体的其他部分实现交流。这里所说的电缆在术语上称为脊神经。至于大脑的功能,将它比做是整个神经系统的"司令官"最恰当不过了。

## 1. 脊髓

脊髓包含了两种神经元细胞：感受神经元，其作用是将信息分程传递至大脑，使大脑了解外界刺激和身体的内部机能；运动神经元，其作用是将来自大脑的信息发送到最终产生动作的肌肉，或者发送到体内器官以控制它们的机能。脊髓还包括环绕大脑的微小中间神经元（连接感受神经元和运动神经元）。膝跳反应是脊髓作用的一个例子：轻叩膝盖筋腱就会引起它的突然拉紧，从而使小腿跳起。这一反应是通过脊髓内部神经元的直接连接实现的，膝跳可以告诉医生：脊髓连接是完好的。

## 2. 大脑

大脑中存在的大量中间神经元使大脑承担整个神经系统的中心职责。中间神经元通过脊髓和其他途径接收和传递信息，但它们更多的活动是通过无数个突触来处理信息。就是这种持续不断的、令人难以置信的复杂活动引发了意识和"精神"。

大脑包含了许多具有特殊肌体和精神功能的区域。虽然大脑总是作为一个整体在进行工作，但当不同活动发生时，一些区域会比其他区域活跃得多。在第四章中，我们再来讨论这些区域是什么，以及它们是做什么的复杂问题。

**重要提示**

大脑是精神活动的场所似乎是显而易见的，但在历史上，人们并不总是这么认为。例如，一些古希腊哲学家将精神和"灵魂"归结于肝脏。还有许多观点认为精神活动的场所是心脏。而古埃及人甚至将大脑排除在木乃伊之外，认为它对死后的生活并不重要。

# 三、周围神经系统

周围神经系统的神经元构成了完成信息传递链条中的其余部分，它们有时通过与脊髓的连接，有时直接地运送从大脑来或到大脑去的各种信息。与中间神经元相比，周围神经元非常长——其长度甚至可以覆盖大部分身体。

## 1. 躯体神经系统

躯体神经系统的传入神经元传递来自眼睛、耳朵等感觉接收器官的信号，以及与味觉、嗅觉、触觉和某些内部感觉有关的信号。而传出神经元再将信号传出至许多骨骼肌，接收到信号的骨骼肌有的负责"粗略运动"，比如走、跑、跳；有的负责"精细运动"，比如运用手指的操作。躯体神经系统的工作是由大脑来协调的，比如使我们听到事物发出了声音，转身去看，然后可能伸手触摸或抓住它。

## 2. 自主神经系统

自主神经系统的传入和传出神经元监控和帮助调节身体的内部工作，比如呼吸、心率和其他必需的生命活动。对人的整体反应水平和情绪状态而言，这也是同样重要的，诸如感到振奋，感到沮丧，感到"极其兴奋"，感到"松弛自在"或者争斗、逃走反应。当然，争斗、逃走反应是最极端的例子。

**注　意**

除了出现威胁或危险，任何紧张的行为都可能中断消化过程。科学工作者们长期观察得出的这一结论也正是进食后不应游泳的原因。可能你经历过那种要命的胃部绞痛，那也是消化暂时停止的结果。

当收到大脑的适当信息，自主神经系统中的交感神经就会在内分泌系统（下一部分将会讨论）的协作下发起多种变化，从而帮助身体准备应对。特别是当危险情况结束后，副交感神经又会抑制这些作用，使身体恢复到正常状态。

大部分时候，交感神经与副交感神经之间的相互影响维持着一个动态的平衡，这是一定范围内的"稳定状态"，它对于维持躯体活力是十分必要的。与温度调节装置维持室内恒温的方式十分相似，动态平衡反应也维持着生死攸关的身体状态。例如，如果你的体温开始变得过高，你就会排汗，汗液可使你的身体稍微冷却；如果你的体温开始变得过低，你就会颤抖，肌肉运动产生的热量会使你稍暖和一些。

# 四、内分泌系统

虽然内分泌系统不属于神经系统的一部分，但它与神经系统的合作非常紧密。内分泌腺分泌多种激素，激素属于生化物质，随血液运输。人体的"主腺体"是垂体，分泌的激素有些直接影响情绪和应激反应，有些促进其他腺体的分泌。青春期和更年期的出现都是受激素水平影响的复杂过程。

在争斗或逃走反应中，垂体释放内啡肽，这是一种作用于突触水平的天然止痛剂，可以缓解疼痛

**知识点击**

激素的影响是暂时的，会逐渐减弱。因此，如果你在交通事故中颈椎受伤，开始时不会觉得很疼，但稍后当内啡肽退去时，就会变得极其痛苦。再比如，开车时侥幸避免了可怕的撞车，你的"肾上腺飙升"会激起过强的应激反应，以至于你必须暂时将车停到路边，先让自己冷静下来。

感——当有人或事物攻击你的时候，你的身体可以高度适应。垂体也会刺激肾上腺分泌肾上腺素，这种激素是令交感神经系统增加心率、血糖水平和红细胞的因子，上述每一种情形都会提供给你更多的能量——使你在决定跑或者抵抗时可以高度适应。

# 五、基因及其功能

基因是脱氧核糖核苷酸（DNA）的片段，存在于体内大约200种不同细胞（这里，神经元只是其中一种）的细胞核里。你对基因的第一反应可能是它们参与有性繁殖和遗传，或者是基因决定我们的样貌。这两条都是对的，但它们并不是基因全部的功能，甚至不是最重要的功能。小部分但

十分重要的基因负责着蛋白质的合成，而蛋白质是生命存在的首要前提。也就是说，这些基因使我们的生存和繁衍成为可能。

### 心理学大考场

**什么是 DNA ？**

DNA 是由 6 种特殊分子构成的大量"分子对"，这里的分子是指原子的上一级结构。基因是 DNA 的片段，它可能包含几百至几百万个这样的"分子对"。

## 1. 蛋白质

蛋白质是行使众多关键功能的分子，这些功能可能作用在细胞内部也可能遍及整个身体。人类具有超过 20 万种已知的蛋白质，毋庸置疑，还有更多种类的蛋白质有待于人们的进一步发现。所有的蛋白质都很重要，任何一种的缺失或错构都会造成严重的肌体和精神障碍，就像我们已经提到的那样。这里列出了一些常见的蛋白质以及它们的功能：

＊酶，最常见的一种蛋白质，用于分解生化物质。酶在细胞中合成，也在内部器官中合成——消化道中的酶可以将你吃进去的食物分解为身体可以吸收利用的小分子。

＊红细胞中含有的血红蛋白，它可以携带氧分子并随血液将其运送到细胞尤其是大脑当中。

＊胶原蛋白是另一种十分重要的蛋白质，它对皮肤、骨骼、血管和大量内部器官壁的形成具有关键作用。

＊肌动蛋白和肌球蛋白是两种具有专门功能的蛋白质，它们赋予肌肉以运动的能力。

＊头发由一种叫作角蛋白的特殊蛋白质组成，手指甲和脚趾甲也是如此。

## 2. 基因和染色体

以较大规模存在的基因叫作染色体。只有在细胞分裂和复制时期，基因高度螺旋化的情况下，我们可以在显微镜下清晰地见到染色体。人类的体细胞通常具有 23 对染色体，每条染色体都包含了成千上万个基因，一对染色体中的一条来自母体，另一条来自父体——也有一些值得关注的例外。前 22 对染色体——叫作常染色体——在其基因内容上都是可供替代的选择。也就是说，对于每一条染色体上的每一基因，在与其对应的另一染色体上都能够找到行使相同功能的对应物。这样一对基因里的任意一个就叫作等位基因。

第 23 对也是最小的一对染色体决定性别，所以它们叫作性染色体。在女性身上，性染色体为 XX 型，它们的排列与常染色体相同——每条染色体上都有对应的等位基因。男性的性染色体为 XY 型，这表示 Y 染色体是有所不同的。它比 X 染色体要小得多，包含的基因也少得多，所以 X 染色体上的许多基因在 Y 染色体上都没有等位基因。

# 六、基因表达

基因在你的样貌、智力甚至你的人格方面都扮演着极其重要的角色。随着人类基因组工作的继续深入，研究者们越来越多地将特殊基因与心理学机能和行为联系在一起。然而"联系"是一个重要的限定词，在很多情况下，你的基因型，也就是你的基因构成，并不能完全决定你的表现型，也就是事实上你成为的人和你的样子。基因型与表现型之间的联系可以很简单，也可以极其复杂。

**重要提示**

假设父母两人都是基因型为 CS 的发质。那么他们子女的等位基因就有可能是 CC，CS，SC 或 SS。子女有 75% 的可能是鬈发（4 种组合里的 3 种），只有 25% 的可能是直发（4 种组合里的 1 种）。如果父母中任何一方是 CC，那么就没有 SS 的可能。

## 1. 简单显性－隐性

一些特征由单独一个基因决定，受你所处环境的影响微乎其微。一个例子就是头发的质地，它是由单独一个基因直接决定的。决定鬈发的等位基因——假设为 C——对决定直发的隐性等位基因——假设为 S，具有优势。这意味着当决定发质的等位基因中有一个或两个为 C 时，这个人就是鬈发，只有当两个等位基因都为 S 时，这个人才会是直发。

当然，环境因素会产生干扰。虽然这样讲有点儿夸张，但是你的父母或者你本人的确可以用"直发器"把鬈发弄直，也可以用"鬈发器"把直发弄鬈。这样你的表现型就与你的基因型不同了——至少在新的头发长出来之前是这样。

## 2. 部分显性－隐性

等位基因组合也有显示部分显性或部分隐性的可能。要说明这个问题一个最经典的例子就是镰刀型血红细胞，这一特性最初出现在黑种非洲祖先身上，并被认为已有所进化，因为它加大了生存的机会。产生镰刀型血红细胞的部分隐性基因——在传氧性能上不如正常细胞——但对肆虐非洲潮湿地区的蚊子传播的疟疾具有高度抵抗力。因此，在这些地区生活的人如果同时带有一个正常血红细胞的等位基因和一个镰刀型血红细胞的等位基因，就较其他都是正常血红细胞的人更有生存的机会。而这两种细胞的混合体在疟疾高发的环境中最具优越性。

但是带有这两种血红细胞的人也有某些缺憾，即更易患有关节疼痛，所以应避免去空气稀薄的高海拔地带。然而他们却活了下来。相反，那些两个等位基因都是镰刀型血红细胞的人，他们关节疼痛和传氧能力不足的症状更加严重，如果不能定期输入正常血液就无法生存。

**重要提示**

属于共显性的等位基因既不是显性的也不是隐性的，结果就是显、隐性的结合，血型就是这样的情况。如果一个人拥有一个等位基因 A 正和一个等位基因 B 正，那么这个人的血型就会是 AB 正。

## 3. 基因型、表现型和多基因表达

即使仅考虑一对基因，基因型也并不总是决定表现型。头发的类型、血液特征和血型不受环境因素影响，但许多其他身体特征会受环境影响。例如，基因为一个人可能多高、多重、多强健提供基础，但环境条件比如营养和锻炼也是重要因素。营养不良，尤其是在童年早期，就会使表现型比基因设定弱得多。非常好的营养、锻炼等等也可以增强表现型。

另一种复杂情况就是多基因表达，这是心理特性的一个特征，比如智力和人格。流行观点认为大量还未确定的基因会对类似的复杂特征负责，同时这些特征还被一个人的成长环境极大地影响着。关于遗传与环境之间的关系问题，我们将单独作出进一步阐述。

# 七、进化与人类

科学观点认为，作为"现代人类"的我们，是以与其他生命形式几乎相同的方式进化而来的。但很多问题仍有待解释，我们为什么以及如何形成了这些癖性，比如直立行走、抽象思维、运用语言、巧妙地利用事物制造日益精密的工具等等，并且——时至今日——将科技发展到不久之前还令任何人都难以想象的水平。另外，故事还经常随着新的"发现"而改变，这些新发现来自于研究化石的古生物

**知识点击**

类人属于人科。人科是在大约500万~700万年前，从黑猩猩中脱离出来的一支。人类确切的血统还不清楚，但似乎我们的出现是相对近期的事情——大约15万年前。晚期智人将我们从尼安德特智人（尼安德特人，早于我们出现，但在大约35000年前就"消失"了）中区分出来。

学家和物理人类学家，以及尝试回溯人类DNA进化的生物起源学家。这里我们将着重看看人类进化的几个要素。

## 1. 达尔文的适者生存

达尔文从自然选择的角度解释了进化现象，最适应自然选择的生物最拥有生存和繁衍的机会，这叫作定向适应。但如果我们深入地思考这一概念，就会发现达尔文没有为解释进化如何发生提供生物基础——基因操作的概念还远在几十年之后呢。

以现代更完整的观点看达尔文的适者生存，原始人类跨越千万年，或者受制于环境的改变而改变，或者主动迁徙令自己经受改变。改变是关键。通常这意味着居住在不同环境中，比如丛林或开阔的大草原；意味着要应对完全不同的气候；意味着要寻找不同的植物和动物食物来源——捕获后者或以腐肉为食；还意味着与数不清的掠夺者进行对抗。

因此，我们祖先中那些最能够适应并活下来繁衍后代的人最有可能将他们的基因传递下来，那些最不能适应的人就最不可能繁衍传递他们的基因。经过数代之后，基因库就会逐渐向特定族群中有利于适应的、与其赖以生存的环境相一致的那些特征进行变化。

一些个体为何比另外一些个体更能适应？如前所述，子女不是父母基因的原样组合。在第二十章的复制循环中，我们将再次看到这种情况，另一个重要的途径就是变异。偶然和随机地，构成基因的DNA发生微妙的变化，其中一些改变是适应的。偶然性也会成为关键。如果一个人碰巧遗传到一个对既定环境高度适应的变异，那优势就是这个个体会有更多的子女，从而使更多人拥有这一适应的特征——由此对今后族群的基因库产生很大影响。

## 2．间接适应和包含适应

由于缺乏关于基因作用的信息，达尔文没有看到另一条重要道路——一些特征遗传了下来而一些特征没有。除了直接适应，还有一个间接适应的概念，两个概念又共同组成了包含适应。正如现代遗传学家和进化心理学家详细阐述的那样，间接适应是这样起作用的：在你从事的所有行为中，有些能够增加后代或者亲戚（比如姐妹和兄弟）以及亲戚后代的生存机会，而这些行为都至少传递了你的部分基因——你和他们共有的那些基因。另一个次要但仍重要的方面是同样的道理也适用于你的部落或氏族成员——至少在史前时期，他们也分享了你的部分基因。

因此，那些相互帮助和与人合作的基因被传递了下来。间接适应解释了为什么利他主义倾向——帮助他人不考虑自己，有时甚至达到了自我牺牲的程度——在人类进化中出现并且被保留了下来。更普遍地，这还帮助我们解释了人类怎样进化成了今天的高等社会生物。

## 第四章

# 什么使我们成为人类

脑是神经系统的中心，它激发了各种各样的活动，从调节身体机能到使我们能够思考、感受、痛苦和做梦。首先，我们将探究它从何而来，然后我们再着眼于它的结构和功能。最后，我们将从科学的角度考虑如何更好地定义意识和精神。

# 一、人脑的起源

早期的原始人类为何会直立行走——是什么使他们从黑猩猩的祖先中分离出来——这个问题仍在讨论之中。可以肯定的是这个结果带来了便利，直立行走将原始人类的双手解放出来，使他们能够操纵工具和挥舞武器，而不仅仅是逃走。他们还可以在行进途中携带东西，行进和迁徙对于早期的原始人类而言十分重要，由于环境的变迁，他们不得不从茂密的丛林搬到开阔的大草原。这其中还蕴含着直立行走而不是四肢着地的优势：他们可以看到更远处地平线上的食物来源以及威胁。

虽然理论家已经明确指出，先出现了直立行走，后发生了大脑的进化，但

**心理学大考场**

**人脑是否仍在进化？**

或许最好的答案是"是的"，更加复杂精密的技术正在推动着人脑的继续进化，因为只有更大的脑才能更容易地掌握这些技术。但问题是，越是具有技术才能的人越是不需要生养更多的孩子——至少在目前的社会状况下他们不需要。

目前还不清楚如何将两者联系起来。人脑的发展伴随着一些相关现象的出现，使用工具就在其中，虽然化石记录显示人脑大小和复杂程度的增加并未与成熟工具的发展相对应——直到晚期智人时期，真正的成熟工具才开始出现。

人脑进化的更好解释是早期社会等级制度的形成，在社会互动中，个体的生存和成功需要更高的智商。可能由于一些原始人在发展社会技能上变得更加聪明从而"爬上了社会的阶梯"，其他人为了维持现有的社会地位和更加适应生存环境也必须要变得更聪明，那些不聪明的基因就逐渐退出了基因库。随着世代沿袭和自然选择的作用，出现了曾经逐步增强的向更高智商发展的趋势，随后而来的就是为了胜任这种智商而必须进化大脑的压力。

### 1.后脑

不管是什么推动了人脑结构发展到今天的状态，人脑中各部位进化的先后顺序已经非常清晰了。人脑中最原始也是最早发育的部分是后脑，它司管心率、呼吸、消化和最终由自主神经系统管理的其他基本活动，还有反射，比如打喷嚏和有关平衡与运动协调的反射。这些活动对于许多动物的生命活动都是必需的，包括一些相对低等的动物，它们也拥有可以与人类相媲美的后脑。

### 2.中脑和前脑

接下来的就是中脑，它与视觉和听觉信息向后脑特定部位的传递有密切的联系。中脑还控制着眼球运动，在下一章中将会谈到，视觉是我们最基本的感觉。同样，其他一些以第一视觉为导向的动物，其中脑结构也显示出相应的发展。最后形成的结构是前脑，人类之所以为人类，大部分是由它的结构所决定的。化石记录显示，随着人类进化的脚步，从原始人类到我们今天的模样，前脑大小一直在稳步增加。

## 二、前脑的机构和功能

当由下至上地观察脑时，我们会看到丘脑，它位于中脑的顶部。丘脑与睡眠和觉醒有关（某种程度上与后脑和中脑相似），它也负责处理视觉和听觉以及从整个神经系统传至脑的很多信息。与丘脑密切相关的是下丘脑，这是一个尤其有趣的结构，因为它负责处理与身体需求、性、感情相关的信息。下丘脑"控制"自主神经系统和内分泌系统，所以它在自我平衡中发挥着重要作用。

在这些结构的上面和周围是边缘脑，它与下丘脑一同工作。边缘脑还包括了海马，海马是一个与记忆的形成密切相关的结构。在这之上的是大脑，脑的这个区域是现代人体中最为发达的部分。下面我们将从不同方面阐述大脑更为专门的功能。

# 三、大脑

大脑约占整个人脑比例的 80%，呈广泛的盘旋状——褶皱和折叠——这使它有更多的部分可以与颅骨贴合。外脑皮质或者说大脑的"皮"是微带灰色的，包含了神经系统大约 2/3 的神经元。内层是白色的，由这些神经元带髓鞘的轴突和神经胶质构成——神经胶质用于支持神经元细胞，并在神经传导中起多种作用。

**重要提示**

额叶的联合区与人类高级思维处理的联系最为紧密。一个有力的证据是：正如尼安德特人拥有比我们更为"突出"的前额一般，在原始人类的进化过程中，颅骨前面部分的大小和形状即额叶的增长最为显著。

大脑由左半球和右半球组成，它们由一组叫作胼胝体的神经通路连接。脑以其中心为轴严格对称。大脑的后部区域叫作枕叶，视觉信息通过它进入脑的更高级区域。

贴着脑的中轴及其两侧的结构是颞叶，它处理听觉信息；还有顶叶，包括了体觉区域。后者接受来自触觉的身体感觉，它通过传输信号使身体发生动作。有趣的是，身体的左侧被"绘制"在右顶叶上，而右侧则在左顶叶上。这一点适用于所有运动调节和除视觉以外的所有感觉，视觉这一特例我们将在第五章中继续讨论。

但很多大脑叶都包含了联合区，贯穿整个脑的联合区是人体中最发达的部分——尤其是在额叶，它完全由联合区构成。这些联合区负责人类大脑所特有的活动，比如复杂和抽象的思考、推理以及记忆。

# 四、研究人脑的传统方法

从 19 世纪开始，神经系统学家就在"绘制"人脑功能了。研究开始于人脑受到事故伤害后的行为丧失。例如，通过研究大脑特定区域受到损伤的病人——该损伤造成了病人的语言障碍，保罗·布洛卡（1824 ~ 1880）确定了大脑的语言中心位于左半球。怀尔德·潘菲尔德（1891 ~ 1976）的实验对象是那些需要接受脑部手术的人，他采用了一种更为精准的方法——脑部电刺激，在实施这种方法时，先让微小且无害的电流穿过脑部，之后观察病人出现了怎样的想法或行为。

罗杰·史派利（1913 ~ 1994）采用了另一种方法。他的实验对象是那些由于严重癫痫症而必须接受胼胝体治疗的人。胼胝体具有分隔半球的作用，史派利每次只对一个半球实施各种类型的刺激，他的实验结果表明两个半球并不是完全镜像的，一个半球会比另一个更好地执行某些功能。

**注 意**

半球专门化的研究使一些人推测：能力的不同可能源于一个人是受"左脑"支配还是"右脑"支配。例如，据说左脑型的人更擅长于逻辑推理，而右脑型的人更擅长艺术或创造性的工作。然而，目前的研究还没有普遍地证实这一论点。

后来，许多研究者也采用了系统脑损害（微创）的方法来研究实验室动物身上产生的变化，老鼠就是其中之一。这种研究证实了下丘脑区域参与自我平衡活动，比如进食。某一脑区域受伤的老鼠，即使在变肥胖时，也不会停止进食；另一区域受伤的老鼠却根本不会进食。还有一些下丘脑损伤造成了性兴趣的增加或减少。

# 五、神经系统学与脑成像

计算机化 X 线断层摄影术（CT）又称为"计算机 X 射线轴向分层造影扫描图"，它的发展标志着神经系统学家在脑研究方式上的重大变革。CT 是一种基本的 X 射线操作，能够旋转角度拍摄大脑"切片"的图像。所得图片会存在分辨率的限制，但是 CT 在发现脑部损伤和肿瘤方面非常有效。磁共振成像（MRI）则更优秀：将无线电波脉冲通过受试头部再发送到一个磁螺管，由此就能获得高分辨率的图片。

但是，这两种方法都不能提供正在进行的脑活动和功能的信息。随着更成熟技术和即时成像计算机的出现，真正意义上的重大突破终于到来了。

## 1. 正电子放射断层摄影法

人脑的工作运行除了依赖于稳定的氧气供应，还要求稳定的葡萄糖（血糖）供应。正电子放射断层摄影法（PET）就是利用了这一性质，将无害剂量的带放射性标记的葡萄糖注射入人体静脉，随着葡萄糖被神经细胞不断代谢，装在受试头部的特殊检测器扫描脑部血流程度，再经过计算机增强就会得到人脑不同区域活动水平的彩色图像。举一个简单的例子，当被试者观察、思考或者谈论一个事物的时候，人脑的某些区域就会显得更为活跃。但是，由于代谢需要耗费一定的时间，从大脑活动的发生到被显示出来会出现 1 分钟或更长时间的延迟，这一点制约了 PET 的准确性。科学家已经确定了神经冲动传播的速度——每小时大约 160 千米——因此他们总是在关注过去而不是当前的图像。

## 2. 功能性磁共振显影法

功能性磁共振显影法（fMRI）更具优势，它是目前神经系统学和脑成像科学的首选方法。精确检测器扫描人脑中自然氧代谢发生的区域，并将信息传送到计算机中进一步增强，其延迟时间是几秒而不是 1 分钟或更长时间。

因为没有涉及"侵入性"的放射物质，fMRI可以运用于任何类型的病人——包括婴儿。虽然其精度仍然在至少几十万神经元的级别上，这些神经元既可能在做相同的工作也可能各行其是，但是fMRI的分辨率已经出色了很多。然而，从安全性上而言，这种方法仍是有风险的，研究者们将继续改善它。

### 3. 数量化脑电图

脑电图的应用已经有很长时间了。最初，脑电图测定方法是将2或3个电极放置在头骨上，测量脑部大范围的电流活动，比如在失眠或不同水平睡眠期间的大脑电流活动。现在的脑电图叫作数量化脑电图，电极的数量大大增加，各个电极的位置通过一个无边帽状的定位装置标准化，这样更加区域化的测量为下一步的计算机分析提供了便利条件。如此操作就可以获得事件相关电位，也就是通过研究微小电位变化来实现大脑活动区域化——整个过程只有几毫秒的延迟。因为具有这样的速度，数量化脑电图还可以发挥标记时间的功能以作为功能性磁共振显影法的参照，用来增加其准确性。

## 六、什么是精神——早期观点

一直以来，哲学家们就在思考"精神"本质的问题，尤其是它与生理学的关系。在心理学领域，人们同样从学科建立之初就在一直探讨着这个问题——除了严格的行为主义者，他们认为精神不适于科学研究，所以完

### 知识点击

有了脑成像技术提供的基础，在不远的将来，测谎仪也会变得更加完善。如果被测人在撒谎，他的大脑特定区域就会出现持续活跃或者某种类型的ERPs（事件相关电位），脑成像技术就可以比今天所应用的多种波动描记器更加可靠。

注：多种波动描记器是一种用机械或电冲动形式同时记录多种生理反应的仪器，例如记录呼吸运动、脉搏波、血压和心理性电反射。这些现象能反映情绪变化，可用来探查欺骗，我们通常称其为测谎仪。

全不予考虑。首先我们着眼于有关精神－肉体问题的一些历史观点，之后我们再来看看现代心理学家和神经系统学家要说些什么。

雷内·笛卡尔（1596～1650）是第一位现代哲学家，也是现代生理学的奠基人之一，他提出了著名的二元论：精神或者"灵魂"和肉体是截然不同、分离的两个实体，但它们在大脑中的某一物理点上相互连接。笛卡尔认为这个物理点就是中脑中短小的松果体，但人类对于松果体的功能至今仍知之甚少。笛卡尔相信，肉体与生俱来的"动物性"情绪——包括感觉体验——通过松果体进入精神的思考过程，随后精神发出命令，从而产生了运动以及外在表现。因此，精神是一个完全独立的存在，就像"意识"一样。

**重要提示**

笛卡尔有一句名言："我思故我在。"这是他的哲学起点。在他的著作中，还有另一条鲜为人知但见解十分深刻的论述，可以译作"拥有好的头脑还不够，重要的是善于运用"。

在笛卡尔之后，威廉·詹姆斯发表了他对精神和意识的看法——意识是针对人类和其他动物的总体而言的。他的基本观点是：精神加强了适应。作为人类，我们思考自身所经历的事情，我们作出决定，我们制作东西，我们改造事物——每种情况都使我们变得更加适应而增加了自己的生存机会。在詹姆斯的理论中，意识对于生存来说至关重要。没有意识，我们就成了植物。

# 七、什么是精神——基于神经系统学的观点

早期的学者致力于在脑中寻找意识的"位置"，但由于缺乏必要的设备和研究大脑活动的手段，他们没能走得更远，当然，他们的研究方向似乎也被误导了。事实上，现在所有的心理学家和神经系统学家都承认精神与意识在大脑中具有一个纯粹的物质基础。现今的学者们采取神经通路的方式研究精神的实质。神经通路就是错综连接的神经网络，它们的活动水平随正在发生的精神活动而改变。

大脑成像当然是理论家和研究学者得出结论的一个手段。精神的现象体验与大脑及其数十亿神经元的电化学过程具有神经上的关联。所谓的现象体验是指：当你进行思考或参与其他意识过程时，所形成的主观的、个人的体验。科学家们意图将精神事件与相应的大脑活动整合起来，这样就构成了"神经网络理论"。而要呈现出一幅精神和意识过程的连贯图画，科学家们还有很长的一段路要走。一个问题是获得必要的分辨率，正像之前提到的如功能性磁共振显影法，至今还是一次只能分辨到数十万神经元束的水平。但其理论基础是合理的，并且大多数人相信这幅连贯的图画最终总是会出现的。

> **知识点击**
>
> 大多数养猫者相信他们的宠物是具有精神和意识的。然而笛卡尔将精神的定义限制在人类，将其他动物基本上都看作是"自动控制"或者说是机器。但是詹姆斯赋予了其他动物以精神。依据现代神经系统学家的观点，似乎你的猫确实也具有精神，它自己的精神。

所以，精神和意识是神经活动的持续哼鸣，神经活动从妊娠期间就可以辨别，并且不间断地持续至死。灵魂则是另外一回事，如果你将灵魂等同于精神，那么躯体死亡也会带来灵魂的停止。但如果你将灵魂看作是孤立存在于大脑活动之外的某种物质——像笛卡尔那样——那么灵魂就以某种形式继续存在着。关于此问题的立场完全取决于你自己或者那些灌输给你某一立场的人们——死亡之后的生活超出了科学的范畴。

## 第五章

# 我们如何体验世界

很长时间以来，心理学家们都在研究我们如何获知和解释周围世界中发生的事件。在本章之中，我们将探索视觉、听觉和其他感觉，以及每种感觉在生存中发挥着怎样的功用。

## 一、感觉和知觉

感觉是指感觉接收器探测来自外部世界的引入信息，并将其转换或"改变"成为神经冲动的过程，有些时候这些信息也会来自体内。这些神经冲动再被传输到中枢神经系统的不同区域，进行下一步的加工处理，这样就构成了知觉。知觉包括更高级的认知过程，比如对引入信息的区别、认可、解释和理解。它与其他认知过程紧密地构成了一个整体，比如学习和记忆。换句话说，知觉是指我们如何"弄清楚"身边世界中正在进行的事件，从而可以对其行使功能，并且获取和积累有关该事件的知识。

### 1. 感觉阈

我们的每次感觉都对应着一个不同的情况，但这些感觉又确实存在共同之处。姑且不算转换，所有感觉都具有绝对阈值——在特定情况下引发感觉所必需的最小刺激水平。例如为了令你听到一个声音，就必须出现一个能够引发你耳中接收器的最小强度的刺激。感觉还具有不同阈值，涉及对可以辨别的改变而言，必要的刺激改变数。为了让你听到声音强度的一个改变，刺激就必须足够引发你耳中接收器发送神经冲动的一个改变。

## 2.感觉适应

感觉适应是所有感觉共有的另一过程。当接收器持续处于相同刺激时，它们的阈值就会增加，你会变得逐渐意识不到这一刺激，甚至是完全意识不到。例如，当你坐在椅子上读到这段话的时候，就不会意识到椅子的存在，也不会意识到在椅子与你之间紧贴身体的那层衣服——除非有什么将你的注意力转移到那里，比如刚刚读到的这句话。感觉的这个特点对于我们集中注意力来说极其重要。如果总

### 知识点击

或许你经历过下面的情况，当盯着某物看时，你的视野并没有像感觉适应预言的那样变得暗淡或空白。但事实上视觉并没有例外。眼睛的接收器从来不会长时间地接收相同的刺激，因为它们在我们完全无意识的情况下自动且迅速地前后运动着。

是受到诸如鞋子着地或手表走动、空调嗡嗡等声音和外面街上的声音等等的影响，不能集中注意力，那么我们的身体功能就不能正常行使了。

从另一角度看，感觉还具有一些共性，那就是它们在接收器水平上如何工作，它们将信息传到什么地方，以及它们最终引发了什么知觉，这三方面都已经得到了较好的解释。然而，我们还不清楚在这些过程中间，大脑里究竟发生了什么。神经系统学家们热衷于研究大脑皮质的特殊化区域如何处理来自感觉的引入信息，但在揭开这些秘密的道路上，他们才刚刚起步。

当然，如果感觉刺激太过剧烈，也不会对其完全适应，以至于我们不能将之忽略。比如来自窗外人行道上的手提钻声——"轰隆、轰隆"，隔壁公寓里有人用立体声持续播放着很吵的低音——"嘣、嘣、嘣"……这既不可能适应，也不能忽略。

# 二、眼睛和视觉

人的眼睛是一个极为复杂的结构，它有超过1亿个的接收器，当受到光刺激时接收器就会作出反应并放射出神经冲动。更确切地说，它们是对光的

"波长"作出反应，波长是光的真正意义所在。波长以纳米（1米的十亿分之一）为单位衡量，人类的可见光谱是指波长范围在400～700纳米之间的光。我们看到的紫色和紫罗兰色是波长较短的光，波长比它们更短的就是紫外光了，没有特殊仪器我们是看不到紫外光的。我们看到的红色是波长较长的光，超过这个波长的光就是红外光，正常状态下我们也是看不见的。

经过眼睛中其他神经元的额外处理后，来自接收器的神经冲动通过视觉神经离开眼睛后部，最终到达脑的枕叶。在这个过程中，还存在着视交叉，这也是为什么会有第四章中提到的对面大脑映射特例的原因。视觉是"分裂"的，每只眼的左视野映射在右枕叶上，而右视野映射在左枕叶上。这一特征在进化上具有重要意义，因为如果失去了一只眼睛，另一只眼睛的完整视野仍然可以映射在两个枕叶上。

## 1．眼睛是如何工作的

光通过一个叫作角膜的外表面进入充满流体的眼睛，角膜就像照相机屏幕的玻璃外罩。接下来，光穿过一个叫作瞳孔的孔，瞳孔受虹膜控制放大或收缩，从而调节进入光线的强度——这与照相机的工作原理也十分相似。但是眼睛的镜头——晶状体的工作情况就与照相机不同了。睫状肌控制晶状体使它"适应"并调节着它的增厚或者变平，从而使或远或近的事物刚好汇聚在焦点上——这是照相机的玻璃镜头所不能完成的。最后，视网膜是眼睛的后膜，这里是视觉接收器存在的地方。眼睛结构的问题会引起许多需要矫正的视力问题，包括以下几个方面：

* 白内障是由晶状体混浊引起的，这种混浊限制了进入眼睛的光量，极大地妨碍了视力。

* 不规则形状的角膜造成了散光，会影响聚焦。

* 当焦点位于视网膜前方而不是正在其上时就会产生近视，这样远处的事物就会变得模糊不清。

* 当焦点位于视网膜后面时就会产生远视，这时近处的事物就会变得模糊不清。

* 老花眼是晶状体僵化的结果，这会妨碍其适应性调节。

*  青光眼是一种严重的视觉障碍，由于眼内液体流出不畅使眼的压力变得太高以至于造成视神经的损伤。

## 2. 视网膜和它的光接收器

视网膜由相互连接的基层神经元组成。最内层包括了杆状体和锥状体，它们才是真正的光接收器，在其之上的大部分透明层整合来自外部的信号，然后将其传输到视神经。杆状体和锥状体是依据形状命名的，它们行使的功能极为不同。

杆状体是至今为止人们所知的拥有最多接收器的结构，它的接收器大约有1亿个，它们对引入光的强度（亮度）很敏感。因此，杆状体在低光度的情况下尤为活跃，比如当

### 重要提示

适应黑暗通常需要一定的时间，这也解释了为什么很多车辆都装有红色或者橙色的前照灯——包括军用车也是如此。杆状体不会因这些光的较长波长而被激活，所以你的眼睛会保持对黑暗的适应，如果你夜晚驾车行驶在偏僻的公路上，这是至关重要的。

我们在月光下，以及在黑、白、灰影下看东西的时候。如果你从一个明亮的地方到一个昏暗的地方去，比如刚进入一个漆黑的电影院，你必须摸索着找座位，因为杆状体在绝大多数情况下需要30分钟才能适应黑暗，然后达到它们的最大灵敏度。

眼睛只包含几百万个锥状体，它们集中在中央凹——视网膜的这一区域，是晶状体的主要焦点。锥状体比杆状体对光具有更高的阈值，因此在黑暗环境下它们是不活动的。但是，在光线足够时，锥状体具有区别光的波长的能力，因此它们负责色觉。锥状体分3种，分别对不同波长的光作出反应和发射信号,3种锥状体之间的相互影响为颜色的体验创造了条件。

你可能知道，在弱光下，如果从侧面看事物会看得比较清楚。这是因为人类中央凹的中心没有杆状体，只有锥状体。所以当你稍稍把脸侧过去时，更多的低光探测杆状体就会被刺激到，你的视力就会得到提高。

# 三、视知觉

视知觉起始于位于枕叶视觉皮质中的专门化神经元。这些神经元以某种方式相互作用从而引发精神图像，包括了形状、类别、位置、运动，还有颜色。基于视觉刺激性质的知觉原则已经被人们关注多时，至今仍是焦点。

## 1．知觉的格式塔原则

格式塔心理学家们会花费大把的时间去研究人类如何从局部的、有时断断续续的视觉信息感知到"整体"。对他们思想的最清楚说明之一是：整体大于各部分之和，即闭合的原则。例如，一个熟悉的事物，比如一张人脸的素描画，可能遗漏许多细节，但仍然可以很容易地被察觉到：这是一张脸——即使缺少了部分的轮廓。

> **知识点击**
>
> 相似是我们倾向于依据事物的相似程度去感知类别的原则。全由圆圈组成的矩阵会被看作是一串圆圈，但如果我们用方块代替一部分圆圈，圆圈和方块就会被当作单独的类别而受到感知。

另一个原则是接近。例如，被平均隔开的相似事物倾向于被看作一类。然而，如果同样是这些事物但被3个、3个分成几组，知觉就会告诉我们这里存在几类事物。

最后，"图形－背景"是一个基本但稍微复杂的视知觉原则。这一原则阐述的是：我们关注作为图形的部分视觉刺激，但忽略作为背景的其余部分。经典的"花瓶与脸"可逆图形就是一个很好的例子：如果碰巧先关注到的是明亮区域，你会看到一个处在暗背景下的花瓶；相反，如果碰巧先注意到黑暗区域，你就看到相互对看的两张侧面脸的图像。

## 2．位置的感知

我们感知事物的位置以及它们有多远，主要通过两个基本方式：一个是双眼观察，这与通常情况下我们使用两只独立的眼睛进行观察一样，当我们用眼睛观察事物的时候，每只眼睛都会有不同的立场——即事物会从两个稍有不同的角度被看到。同时，事物被投射到每个视网膜上稍有不同的位置，然后视觉皮质整合这种来自眼睛的视觉冲动间所存在的不同之处，从而判断"在哪里"，包括"近处"或"远处"。另一个是单目提示，只用一只具有功能的眼睛，我们仍然可以利用某些信息来判断位置。或者使用两只眼睛，但运用单目提示配合双眼观察，从而判断二维画面的位置，比如电视画面、电影或卡通片。这样的提示是插入式的，如果一个事物部分阻碍了另一个事物的视界，我们就会感知到第一个事物更近些。

此外还有相对大小。在其他方面相同时，更大的事物看起来更近。画家们特别充分地利用了画面中的高度：出现在画板底部的事物就会看起来更近，而出现在顶部的看起来更远。

还有许多其他单目提示，其中之一是线性透视法。这一透视法与俯视铁轨的情形一致。从图例底部出发的两条线，越往上画得越近，这样看起来就会感到距离的拉长。

## 3. 运动和动作的感知

我们感知运动和动作的一个明显方式，就是当事物横跨我们的视野时视网膜受到刺激而改变。除此之外，还有一个不太明显的方式：如果我们的眼睛运动着去"追踪"事物，肌肉状态的改变也能产生神经冲动，大脑也可以利用这些冲动去判断运动。我们还可以通过身体之外的暗示来感知自身的运动，比如肌肉运动知觉和平衡，这些内容将会在本章的后面部分进行讨论。

**重要提示**

人类探测所处环境中微小运动的能力是十分敏锐的，这可能有它的进化基础。对于我们生活在野外的远古祖先而言，任何形式的运动都意味着可能的危险——被杀死和吃掉，因此那些对运动警惕性不高的人就不太可能将他们的基因遗传下来。

然而，运动的暗示可能非常具有误导性。如果乘飞机飞行，你可能会感到云彩在不停地经过而飞机是静止不动的。相似的，当你在洗车点坐在车里洗车时，你的部分视线会被车窗上的泡沫和水迹所模糊，你会感到自己和车子在动，而洗车机是静止的——尤其是你的车由于刷子稍稍震动的时候。这些情况之所以会发生，是因为你缺少一个判断什么在动、什么静止的绝对参考点。

### 4. 色的感知

光波具有 3 个影响视觉感觉和知觉的性质。之前已经说过的波长，它决定色调，科学术语叫色。强度决定亮度，波长的"混合"决定饱和度——相对单纯的颜色，比如鲜绿或鲜红包含的波长范围狭窄，反之，较柔和的颜色，比如粉笔彩色包含了更广泛的波带混合。光的这些性质相互作用从而造就了我们所感知的颜色。

> **知识点击**
>
> 事实上，事物本身并没有颜色。我们所体验的颜色是被事物反射而没有被其吸收的波长。例如，像金丝雀颜色一样的亮黄色染料吸收了除黄色以外的所有光波，这样黄色波就被反射，进入了我们的眼睛。

早在 19 世纪，人类体验颜色的过程就已经被合理地解释了。大体上讲，3 种类型的锥状体以及它们通过突触连接的眼部细胞引起了不同神经冲动的速率和组合。通过视神经，这些冲动到达丘脑附近接受进一步处理，之后被几种专门化细胞重新结合，从那里它们通过视觉皮质进入大脑接受更多的处理和加工。所有这些，研究者们还在继续努力了解中。

人们已经知道这个过程是以互补色为基础的，所谓互补色就是一对以适当比例混合后会产生白色或灰色的颜色。一个例子就是红色和绿色，当处理细胞处理红色和绿色时会产生红色或者绿色的信号——这取决于锥状体发出的信号——但不会同时发出红和绿两种信号。因此，我们所体验到的种种颜色并没有在神经学上完全"抵消"。

# 四、耳朵和听觉

耳朵的构造承担着将声音转换成神经冲动的责任。比方说，当周围世界中的事物发出咔嚓声、鸣响、振动、两件以上的事物相互摩擦或者碰撞时，刺激我们耳朵的声波就产生了。声波造成了空气中分子的循环置换——即空气的收缩和膨胀。虽然你不能看到这些波，但通过下面的操作你会清楚地理解声音是如何产生的：拆掉音响扬声系统的前盖，打开声音，然后观察低音和中音扬声器是如何工作的。

收缩和膨胀的一个过程就是一个循环，声波以每秒钟的循环数来测量，也就是赫兹（Hz）——这是以一位杰出的物理学家的名字命名的。人们能够探测到的声音范围和水平有着相当大的改变，但典型的范围是 20 ~ 20 000 赫兹。这也是家用电器生产商希望尽量如实覆盖的范围，虽然只是为了确保 CD 上的一切声音都被再现，但现代音响系统还是常常会低于或高于这个范围。

## 耳朵如何工作

声波通过耳郭进入外耳道——耳郭就是我们能够看到的那部分耳朵——穿过外耳道到达鼓膜，鼓膜就会产生振动。振动被几个叫作听小骨的多骨结构增强，之后传到耳蜗（名字来源于它的螺旋结构，源自意为"蜗牛"的希腊语）。在充满流体的耳蜗中，前庭管将波纹形式的振动传送至基膜，这里聚集了成千上万的纤毛状细胞，它们对波纹作出响应并将其转换为神经冲动。从那里开始，成千上万个听神经的接收器神经元就会将信号传导至丘脑，最终到达颞叶的听觉皮质。以上过程是正常情况下的，但在这一过程的任何阶段，都可能发生听觉部分或完全丧失，比如下列情况：

* 外耳道梗阻。
* 由于感染造成的外耳道发炎。
* 鼓膜穿孔。
* 听小骨融合或其他损伤。

* 年龄造成的听觉失灵。

* 病毒性感染或暴露于过大声音造成的基膜毛状细胞损伤。

* 听神经损伤。

上述的大多数情况都可以通过医学干预或助听器得到矫正，只有最后两个不行，基膜之后的任何部分的损失都是不可逆的。

# 五、听知觉

进入耳朵的声波在 3 个方面特性上相互作用，决定了我们听到的是什么：首先是以 Hz 表示的频率，决定了声调——从具有最低频率和最长波长的低音，到具有最高频率和最短波长的高音；第二是声音的振幅，或者称为强度，它决定了响度；第三是复杂性，或称为音色，它决定了我们听到声音的"丰富程度"。例如，大多数乐器即使只弹一个音符也可以奏出多个频率的声音，这就叫作和音。

**重要提示**

当吉他和小提琴演奏相同音符时，音色是我们分辨这两种乐器的决定性因素。乐器产生的共鸣和和音所具有的丰富程度决定了乐器的品质。

## 1. 区别声音

我们对响度的感知主要取决于基膜上有多少个毛状细胞被激发，但我们对声调的感知更为复杂。一项长期观察研究表明，基膜的不同区域对于不同频率有很高的敏感度，这也叫作地点理论。因此，我们体会到的声调与哪些接收器被激发并向听觉皮质发出信号相关联。

然而，更新的研究表明，神经冲动生成的时间同样重要。也就是说，各种音调即使不受被激发基膜区域的限制，其产生神经冲动的不同类型或"爆发"也为听觉皮质提供了有关频率的信息。然后听觉皮质以某种方式整合这些信息，从而响应频率，作出我们对声调感知的判断。

### 2．判断声音来源

我们如何判断声音来源是极其容易的，至少在听觉接收器水平上是这样。任何不是刚好居中而是处在耳前或耳后的声音都会以两种方式激发接收器：一个是强度，例如，一个从右边来的声音在右耳中就会比在左耳中更响；另一个是时间，从右边来的声音到达右耳会稍稍早于左耳。但是这些信息在听觉皮质中进行处理的过程，目前还在研究之中。

# 六、嗅觉和味觉

嗅觉和味觉是应对食物或其他物质散发出的痕量化学分子所产生的感觉。在人体中，鼻腔内可能存在 1000 万个嗅觉接收器，当具有特殊气味的物质或其混合物从周围空气中进入鼻管时，这些接收器就会对此作出应答。被激发的接收器数量决定气味的强烈程度，被激发的特殊联合决定气味的品质，当然该品质可以覆盖从令人愉快到令人十分厌恶的整个范围。

**知识点击**

许多动物具有发散化学分子的特殊腺体——这些化学分子称为信息素。信息素意味着动物已经对交配准备就绪，以及对潜在配偶的性兴趣已被唤起。人类也会发散信息素——例如我们的腋下就有腺体特别活跃地分泌着信息素。一些理论家提出，我们的信息素也会激发性兴趣，但至今还没有定论。

来自嗅觉接收器的信号分散至大脑的很多区域，相比其他感觉而言，嗅觉信号经历的路程更短。它们也会到达皮质深处的边缘叶的前底部区域，这一区域与情绪应答有着密切的联系——因此对一种气味我们会很快地感到愉快或厌恶。所有这些都与以下观点相一致：在进化方面，嗅觉是我们最古老和最基本的感觉，而且似乎我们的远古祖先拥有比我们更敏锐的嗅觉——像狗、猫和其他很多动物一样，比起视觉和听觉，它们更依赖于嗅觉。

在味觉上，来自食物的化学分子与唾液混合，刺激隐藏在舌头表面小肿块里的味蕾，然后扩散到大脑的区域中。我们大约拥有 1 万个味蕾，它们可以最大程度地对引起"甜"、"咸"、"酸"或"苦"味的分子作出反应。但对滋味的微妙体验，我们要依靠味觉和嗅觉间复杂的相互影响，这是每个鼻塞过的人都知道的。比如，当你患感冒的时候，虽然仍能够感到4种基本味道，但体会真正的滋味又是另外一回事。

我们所有的感觉都会随着年龄的增长而减退，嗅觉和味觉也不例外。老人们会觉得和年轻时同样烹调的食物味道没有以前那么好了，他们也会发现自己会用更多的糖、盐或其他调味料来补偿味觉的减退。

# 七、皮肤的感觉

皮肤中的感觉接收器紧挨着皮肤表面，有几种类型，包括应对机械压力（接触）、温度和疼痛的接收器。来自这些接收器的信号去往顶叶的体觉区域。

但是，接触、温度或疼痛体验并不是简单对应刺激种类和特殊接收器发出的神经冲动。例如疼痛，也可能由另外两种接收器的极端刺激产生，比如当你突然被锤子撞到手指，或者被火柴烫到时，同样会产生疼痛感。对疼痛的敏感程度，在个体与个体之间存在着相当大的差异，而且人们还可以通过练习，学习"控制"疼痛——尤其是当他们由于身体损伤或疾病而别无选择的时候。因此疼痛的体验既是对皮肤的刺激也是高层次思考过程的一种功能。

# 八、肌肉运动知觉和平衡

肌肉运动知觉的接收器大多存在

**重要提示**

感知系统所能察觉的最小刺激

视觉：空旷漆黑的夜晚，48千米外蜡烛的火苗。

听觉：在绝对安静的屋子里6米外手表的嘀嗒声。

味觉：一桶7.5升纯净水中加入一茶匙糖。

嗅觉：6间房子内加入一滴香水。

触觉：距离你脸颊2.5厘米的地方，一只扇动翅膀的蜜蜂。

于肌肉、肌腱和关节当中。它们将信息发送到管辖身体运动的大脑低级区域，比如伸手去抓住某个东西、行走、站立以及各种身体姿势。然后大脑自动地协调这些信息，例如我们不用有意识地思考腿的特殊动作就可以实现行走。

平衡的自动感觉接收器位于半规管及其周围，半规管是内耳中一个位于耳蜗之上充满流质的结

**知识点击**

许多人都有过这样的体验：当突然站起或在大型娱乐设施上快速旋转后，会出现暂时性的头昏眼花和失去平衡的现象。这是肌肉运动知觉和平衡的感觉机能受到干扰的结果，旋转的芭蕾舞演员和滑冰运动员都能够以某种方式克服这种干扰。

构。这些接收器与听觉系统中的接收器相似，是一个个的纤毛细胞束，但它们将冲动传导至大脑中的一些低级区域，比如管辖运动和有关重力等头体位置的区域。正是通过肌肉运动知觉和平衡感的相互作用，人类才"知道"自己身处何处以及在做什么，尽管到目前为止我们还不知道自己是如何知道这些的。

## 第六章

# 好心情，坏心情

一个人所能经历的全部情绪一定会让他感觉像是坐上了一辆过山车——上去，下来；兴奋，然后恐惧；焦虑和紧张，然后快乐和放松。这章将探索那些导致情绪产生的身体和非身体因素，从而尝试着定义什么是情绪。

## 一、情绪与动机

为了了解情绪和动机之间的相似及不同之处，首先需要确定什么是情绪的指导方针。一个恰当的"情绪"定义应该结合情绪的精神和生物两个方面，并且将目光集中于构成情绪的生理学的、主观的认知和反应等要素。这些要素都将在本章里作出更为详细的论述。

像动机一样，情绪能够实施行为并且引导行为的过程以达成某个目的。一些情绪也会直接与动机联系——相同的活动满足一个需求的同时也会激发一个情绪的响应。比如说进食，一个可能是消除饥饿的动机的结果，还有一个可能就是体验乐事。尽管情绪和动机可以很相似，但为了理解两者在我们生活中的作用，认识到它们的区别也是很重要的。

### 1. 发动一个响应

情绪和动机之间存在着一个很大的不同：引发响应的方式。外部事件导致内部情绪浮出，然后内部事件会引发对外部事物的直接活动，比如口渴引发对水的直接活动。情绪是一种主观体验的精神和身体反应，动机是驱使人去行动的一种需要或愿望。

但是，这一观察报告并没有板上钉钉。你是否有过这样的经历？浏览一本杂志，碰巧看到一张美味的烘烤火腿的图片，火腿上刷着的蜜汁和丰富的配料令你突然意识到自己饿了。看着食物，无论是在杂志上还是在食品杂货店的货架上，都会使你想到饥饿。但若在拿起杂志前一刻你还不饿，那么这是真正的饥饿吗？我们将在第七章中讨论到，饥饿是生存的一个基本需要，但当饥饿因为情绪而变得令人困惑时，生存的需要就被感觉良好的需要替代了，饥饿的精神和身体要素这时就变得不可辨别了。

看火腿的图片会使你回忆起上次吃到它时有多么美味，所以你最初的反应是情绪的——美味的食物令人愉悦——但为了证明吃火腿的需要是正当的，就不得不假设自己饿了。

## 2. 激活自主神经系统

情绪和动机之间的另一个不同是，情绪会间接地刺激自主神经系统，快速产生显著的身体变化，比如心率加快、肌肉紧张、口干或者神经质地发抖，但动机不会这样。自主神经系统的交感神经控制这些反应并对以下内部变化负责：

* 呼吸变得短而急促。
* 瞳孔变大。
* 排汗水平上升，唾液和黏液分泌降低。
* 由于血糖水平上升而充满力量。
* 加速血液凝集为受伤做好准备。
* 汗毛竖起，起鸡皮疙瘩。

尤其是当经历极端的恐惧和愤怒时，这些自我平衡的失衡就会发生。当愤怒的情绪被表达出来，上升的体温会让你觉得血液仿佛在"沸腾"，脸会变得通红，好像你要大发雷霆。事实上，这种愤怒会在字面上和身体上都使一个人"丢掉他的冷静"，致使身体开始通过排汗降低温度，从而调整自身回到正常状态。

### 知识点击

当诸如寒冷或恐惧等感觉出现的时候，立毛肌就会收缩。肌肉的微小收缩导致毛囊突出，这样就形成了所谓的鸡皮疙瘩。

同样，这一命题仍不免有所例外。当一个人正在经受饥饿的身体折磨并且渴望食物的动机不能被满足时，沮丧和悲伤的情绪就会油然而生。

# 二、情绪的生理学

当我们的自主神经系统被唤醒，就会产生针对情绪的最终身体反应。依据情绪及其强烈程度，身体的能量分布或者增强或者减弱。当感受到愤怒或恐惧的时候，脉搏加快、呼吸短促、颤抖等都可能发生，而诸如心疼、悲痛和后悔等情绪会使身体各种机能显著减慢。在这种情况下，我们就会感到情绪低落，从而产生过度嗜睡和身体虚弱的状况。

## 1. 詹姆斯－兰格的情绪学说

我们是如何分辨情绪的？这一论题备受关注。威廉·詹姆斯和卡尔·兰格（1834~1900）提出：身体行为和反应决定了情绪的主观感受。常识告诉我们：人之所以逃跑是因为害怕。但与此相反的是，詹姆斯将论点集中在情绪的生理因素上，从这个基础出发就会得到下面的结论：我们因为跑而感到害怕，因为呼喊而感到兴奋。兰格的观点与此相似，只是他看得更远些，并且得出自主响应也是如此的结论。他认为不仅跑令我们感到恐惧，快速的心跳也令我们恐慌。他们的理论几乎是同时提出的，两者相结合就形成了詹姆斯－兰格学说。

## 2. 针对詹姆斯－兰格学说的辩论

沃尔特·坎农（1871~1945）因为下面几个理由而强烈反对詹姆斯－兰格学说：第一，坎农认为由于人体中没有神经敏感器官，内脏的改变产生过慢因此不能成为情绪感受中起作用的因素；第二，注射肾上腺素后所感受的情绪不是真正的情绪，其实它们跟身体假象（脉搏加速、手心出汗）差不多。坎农最终的结论是：情绪的自主类型太过相似，因此不可能是分辨的来源——例如，恐惧、愤怒和爱慕都会引发心跳加速，这表明在不同的情绪中存在着发挥作用的其他因素。

# 三、情绪中大脑的角色

虽然科技成果已经能够探测不同情绪间的内在区别，但这并不适用于所有情绪。在情绪响应中，其他因素发挥着巨大的作用，其他因素之一就是大脑如何产生和识别面部表情。

普遍存在的情绪，比如高兴或者愤怒，可以利用截然不同的肌肉进行表达，这意味着使表情成为可能的神经系统是人类进化的一部分。通过发出脸部信号和对这些信号进行识别，非语言交流在狩猎和生存技术中发挥着令人瞩目的价值。

调控表情的神经系统位于右脑半球，但在我们实现情绪表达的过程中，起到帮助作用的不仅是这一神经系统。声音的改变（音调、语气和重音）也受控于位于右脑半球的一个特殊神经系统，通过这些改变我们可以发出尖叫或笑声。

# 四、情绪的种类

情绪在强烈程度上存在着差异，人的认知评定对其每天的境遇作出解释，这些都表明了我们所经历的情绪的性质和类型。夏克特和辛格在《心理学综述》中描写了一个实验，该实验的目的在于确定认知评定确实是产生了主观响应而非自主行为。

**心理学大考场**

**什么是认知评定？**

认知评定是一个人对涉及其目标及信仰的事件或境遇所作出的个人评价，它也影响着情绪体验的重要性和强度水平。

## 1. 预先评定

被试者被注射了肾上腺素，并被告知药物作用效果的所有特定信息：一些被试者被告知药物会使他们感到欣快，而另一些被试者则被告知药物会使他们感到愤怒。事实上，所有的被试者都会经历药物导致的相同身体反应，包括心率加快、手掌出汗以及呼吸加速。然后每位被试者被领进一个等待室，在那里

他会遇到一个伪装者，这个人假装成注射了相同药物的另一个被试者。如果真正的被试者被告知会感到欣快，那么这个伪装者就会通过把玩纸飞机或向废纸篓投篮来表达欣快的情绪。如果真正的被试者被告知会感到愤怒，那么这个伪装者就会不停地抱怨或者咆哮着冲出房间。

因为愤怒和欣快的自主响应是非常相似的（心率加快、坐立不安、呼吸急促），所以药物注射与预先情绪协力作用，从而引发了整个情绪经历。那些遇到欣快伪装者的被试者通常会报告他们的感觉是快乐的，而遇到愤怒伪装者的被试者会报告消极的感觉。

## 2. 对境遇的评定

前面描述的实验表明：自主觉醒以及个体对引发觉醒的境遇所作出的解释都是产生情绪响应的关键因素。这一观点辩驳了情绪仅建立在身体反应之上的理论。事实上，当判断情绪及其带来的生理反响时，我们对生活经历的感知更加重要。

由于人的经历不同，相同的一件事会引发完全相异的情绪。例如，一位年轻的女士嫁给了一位非常有魅力但极度嗜酒的年轻男士，她的主要感觉可能是快乐的。同时，她的情敌会觉得悲伤，她的父母会感到忧虑，而男方的父母会感到安慰。每个人对同一件事情的评价引发了完全不同的情绪，虽然这里谈到的所有人都很可能表现出一个相同的自主响应：眼泪！

# 五、情绪的说明

生理状况和情绪之间的直接关系可以通过下面的实验来建立：所有被试者的脊髓都受到了损伤，他们会描述自己受伤后体验情绪的强度，并与受伤前的状况进行比较。

脊髓受到不同程度损伤的被试者被挑选出来并经过鉴定。其结果正如本书开始就提到的那样，一些自主变化的起源可以追溯到神经系统的交感神经，所以脊髓受伤部位之后的任何感觉都不能传递到大脑。

下面的列表说明了每组被试者带有的脊髓损伤的位置：

* 颈部附近，在颈部水平。

* 腰部区域。

* 下胸部水平。

* 上胸部水平。

* 脊柱基底附近，在骶骨水平。

要求被试者对分别发生在受伤前、后的涉及恐惧、愤怒、悲伤和性兴奋的境况做出比较。结果显示，脊髓最高部位受伤的人体会到最少的情绪，因为其大部分自主神经系统都不能与大脑进行感觉交流。

一些被试者叙述，与受伤前发生的情况不同，他们虽然能够通过语言和面部表情表达情绪，但是由于缺少身体反应，情绪的强度水平显著降低。当身体不能调节血液温度、蓄积能量或者排汗的时候，我们就不能感受完整的情绪体验。

# 六、攻击性行为

创新的科技成果会给我们的社会带来许多积极进步，但是它们也会导致不可避免的消极方面，比如大规模杀伤性武器。在我们的社会中，攻击性行为的出现频率持续上升，一部分是因为通过媒体、电影和计算机游戏使我们不断地暴露在攻击性行为之下，还有一部分是因为人类天生的本能性侵略动力。

## 1. 攻击之轮

弗洛伊德的心理分析理论认为，人类的大部分行为都可以上溯至性本能，这一理论是在以下思想基础上形成的：未满足的性渴望将导致挫折，只有通过侵略性行为挫折才得以表达。在多拉德等人的《挫折和攻击》一书中，弗洛伊德的理论被挫折－攻击假说提高了。该假说指出：任何时候任何事物阻止了一个人目的的达成，这个人就会感到存在障碍，无论障碍是生机勃勃的还是死气沉沉的，同时他还会感到需要受到了伤害，由此便产生了攻击的动力。

### 知识点击

如果一个人最根本的动力表现形式是目的达成前持续存在的力量，而攻击又反映了这一根本动力的特点，那么就必定存在一个最终的归宿。依据所有事件都有缘由，并且缘由不能被消灭而只能被转移的理论，攻击性行为就会一直获得动力，直至找到某条释放的途径。

## 2. 驾驭攻击之轮

无论在报纸上还是在其他媒体上，几乎所有关于暴力事件的报道都不会给出攻击者的完整历史。在试图追溯攻击性行为本质的过程中，整个事件链条中作为最终罪行先导的那一环通常会是一系列有关联的信息，就像滚雪球效应，攻击者开始只是感到被压抑的挫折感，然后出现一系列以各种敌对方式表现出来的破坏性行为，最终以野蛮举动画上句号。如果最终行为的根源没有被发觉、理解和理性对待，这一循环就会被引发，一连串后果将再一次上演。

从生物学的角度看，激活大脑的特殊区域就会导致相应的特殊攻击性行为。刺激猫下丘脑的不同区域会使猫作出不同反应，要么通过发出嘶嘶声和击打的方式温和地表现攻击，要么作出激烈的攻击性行为：蓄谋已久地捕获并杀死猎物。与猫的攻击行为不同，猴子却服从已建立的等级制度，这是因为它们依据对过往经历的回忆作出行为。

## 3．驾驭攻击性行为是一个学习的过程

社会－学习理论认为：攻击是一种习得响应，而非一种遗传得到的本能响应。这就将我们置身于驾驶员的位置上，也就是说只有通过观察、模仿和练习我们才能掌握并实施驾驶行为——这些也正是社会－学习理论的元素。

一些学者进行了这样一个实验，让一群幼儿园的孩子观看一名成年人对大型充气玩偶实施一系列的攻击性行为，之后观察研究在这些孩子身上产生了什么影响。同时，让另外一组孩子观看两部影片：一部影片讲述的是一个成年人对玩偶实施攻击性行为；另一部影片描绘了一个卡通形象执行类似的攻击性响应。踢、刺、推、挤、扔是从现场或电视上可以看到的一部分行为。

设立两个比照组：一组孩子观看到非攻击性行为；另一组孩子什么都不会看到。当孩子们接受试验的时候，看到攻击行为的两组孩子会模仿他们所看到的行为，而另外两组孩子则不会。

注意

因为父母是孩子在日常场合中经常观察的对象，因此他们对孩子的影响力最为强大。父母对待暴力的方式以及诉诸攻击性行为的频率都会被自己的孩子模仿。

## 4．电视暴力对儿童的影响

正如前面看到的实验一样，年幼的孩子们常常会模仿他们看到的攻击性行为，因为孩子从电视中的人物联想到了成人的行为榜样。孩子们相信那些行为是正当的，因为一个"成年人"做了，所以他们将其理解成当今社会中"长大成人"的一部分。电视暴力对儿童的影响之所以会导致攻击性行为还有其他很多原因，包括：

· **觉醒的振奋水平**。奥斯本和恩兹利在《儿童发展》（1971）中描述，测量发现，儿童在观看暴力节目时皮肤电反应水平会显著增加。这说明他们的情绪倾向于变得更加激动，尤其当观看暴力行为时，皮肤电反应水平

的增加会更加显著。

· **过多接触会令人对暴力变得不敏感**。在反复经历暴力事件后，暴力行为带来的冲击就会减退。因此在真实生活中，我们对事件做出恰当、有效反应的能力，以及在必要时提供帮助的能力都会变得迟钝。

· **解决冲突的混乱消息**。儿童常常不能分辨一个情景是虚构的还是现实的。因此，当他们在电视上看到由最爱的卡通角色上演的无休止的善恶之战时，他们也会形成一种积极的印象：通过暴力的方式，使"善"战胜了"恶"。

# 七、所有的人都具有相同的情绪吗

一些情绪在一定范围内确实是普遍存在的。高兴、愤怒、恐惧和悲伤会产生相似的面部表情，即使在西方文明之外的其他世界各地文化中也同样可以被辨认出来。这种共享的反应证实了达尔文的信条：情绪是由发展多种生存技能的关键需要而进化的本能响应。

虽然某些情绪是被共享的，但仍存在着情绪的个体表达，它们使每个人的情绪看起来都有所差异。每个人对某一境况的反应都是主观的，对境况的解释基于个人的信仰、过往经历以及身体能力。个体感受情绪的强度以及对情绪的戏剧性表达都使我们的情绪交流彼此不同。

第七章

# 我们为何这样做

站在本能和进化的角度上看，我们的需要是最基本的。但当更深入地探究这个问题时，推进行动的内在过程就变得复杂起来。本章将分别讲述不同类型的动机回应方式，人类如何从认知上认可它们，曲解它们的信号会带来的危险以及它们在性行为中所扮演的角色。

## 一、动机的类型

已经获悉的动机叫作基本动机，比如获得物质的需要，就属于这个范畴。由于这些动机是我们和其他动物共有的，因此可以辨识。它们可被划分为 3 种：生存的动机（饥饿和口渴）、社交的动机（性和母性的表达）以及好奇心（有意识地调查）。

因为生存动机直接依赖于健康的身体状况，所以要了解那些代表内部机能失衡和破坏警告的身体信号，自我平衡系统是关键。例如，当血糖水平低于健康时的水平时，身体适应不断变化的能力使我们意识到可能发生了低血糖。这种意识一旦出现，我们就迫切地发出求救信息（需要），激发适当的动力，从而使器官执行必要的行动（摄取高糖分的食物），最终令血糖恢复到正常水平。

**重要提示**

糖尿病是一种血液中糖水平过高引发的终身性疾病。糖尿病的起因可能是胰岛素分泌不足（I 型），也可能是病人本身对胰岛素具有抗性（II 型），或者两者兼有。II 型糖尿病多发于成年人。目前还没有彻底治愈糖尿病的好方法。

# 二、脑在动机中的角色

体温的调节、特殊代谢过程以及其他自主活动都发生在脑的下丘脑区域中，下丘脑还以传感器的方式决定着血液的温度，这些传感器也会出现在口腔、皮肤、脊髓和脑中，所以我们可以分辨热和冷。

## 1. 设定自动调温系统

脑的前部负责将体温维持在稳定水平，其工作过程类似于恒温器。当前温度被传感器"读出"，然后与正常温度水平相比较。如果读数显示不规律，特殊的生理调节将会尝试纠正这种问题，热时排汗，冷时颤抖。另外，温度不适也会促使实施外部行为调节，比如在你感到冷的时候盖上一条毯子，当暖和起来后再把毯子丢到一边。

**知识点击**

冰点的标定是以水结冰的温度为依据的。因为水在0℃结冰，所以冰点以下的温度是指任何低于0℃的温度。

虽然生理调节和行为调节都发生在下丘脑，但下列不同特征可以将它们区别开来：

\* 行为调节。

蓄意的自私行为

动力引发响应

外部条件受到影响

位于下丘脑的外侧区域

\* 生理调节。

不可控制的身体行为

需要引发响应

内部条件受到影响

位于下丘脑视交叉前的区域

尽管行为调节和生理调节有所不同，但它们还是向着一个共同目标协力合作着，那就是调节体温，对生存而言这是一个必要的过程。温度如果距离正常体温 37℃ 太远，都必须马上进行治疗，否则将出现永久性器官损伤甚至导致死亡。

**注 意**

当体温低于 35℃ 时，你可能是患有低温症（体温低于正常值），必须得到治疗。当体温低于 32.2℃ 时，病人就会出现生命危险。而发烧时体温会上升至正常值以上，但是若没有达到或超过 37.8℃ 就不需要过于担心。

在极其恶劣的天气条件下，如果没有采取一定的防护措施，很可能会引起人体的休克。例如，在美国阿拉斯加，冬天（12 月份至 2 月份）最低平均气温可达到 −26.5℃。仅穿一件单衣和一件厚夹克在室外走上一圈的话，非常容易被冻伤，甚至导致休克。

相反，在亚利桑那州，夏季最高温度能够达到 48.9℃。在如此恶劣的条件下，如果在沙漠中心地带待上一天，并且缺乏充足的水分供应的话，人体自身的温度调节能力就会受到外界极端温度的控制，从而导致肌体"过热"，身体也将受到热浪的损害。激烈而无规则的体温变化最终会导致不同程度的肌体衰竭。

体温达到一定程度，人体会产生某些特殊反应，具体如下：

* 28.2℃时，肌肉损伤。
* 33℃时，失去意识。
* 42℃时，中枢神经系统崩溃。
* 44℃时，死亡。

# 三、动机的生理学机理

人类肌体之所以能够生存，主要取决于两个方面：正常的体温和充足的水分。人体自身的平衡功能保证了这两方面工作稳定运行，并在必要的时候激活应急系统以便恢复身体的平衡。但若长时间处于温度过高或过低的状态下，抑或一连好几天处于脱水状态，这些系统的工作就会失灵，肌体系统崩溃，随之而来的便是死亡。

## 1. 血液的温度

因为蛋白质是维持细胞活性的重要物质之一，所以当温度超过45℃造成蛋白质失活的时候，细胞就不能正常行使职能了。相似的，当温度很低，细胞内水分冻结时，冰晶不断增长，最终也会导致细胞停止工作。

当体温处于非理想水平时，生理调节（除了可能的行为调节之外）就会通过各种途径自动引发，比如出汗、喘气和颤抖。皮肤中的毛细血管通过扩张和收缩达到控制血流的目的，当血管扩张时，更多的血液会聚集在皮肤表面，当其收缩时，内部器官就会得到更多的血液供给。多余的热量可以通过体内的汗腺以排汗的方式被释放掉，在人类、马和牛身上，我们都会看到这样的情形。还有另外一个释放多余热量的方式，那就是通过舌头上的汗腺以喘气的方式散热，这种方式适用于狗、猫和鼠。颤抖可以发热，从而缓解肌体热量不足的状况。

## 2. 内部水分供应

对于生命而言，水是至关重要的，因为它能够将养分和氧气输送到各种组织，并帮助身体清除废物。当身体察觉到脱水时，就会引发口渴的基本动机，使补充水分成为我们的首要目标。因为持续失水是身体的自然机能之一，因此肌体会通过维持细胞内和细胞外适宜流度的方式时刻检查是否缺水。

当胞外水比胞内水含有更高盐分时，会出现细胞内流度的损耗。随后，细胞开始失水和缩皱，这就向肌体发出了需要调节的信号。

造成细胞外流度损失的原因是大量失血或者排汗引起的盐分丧失。肾脏在其中扮演着关键的角色，它可以通过恢复正常水平的血容量来完成调节流度的任务，先是释放一种酶到血流当中，这种酶令失血的血管变得

**重要提示**

在这一调节中，肾脏发挥着重要的作用。在水分通过排尿被释放之前，人体会合成抗利尿激素（ADH），它使水分被重新吸收，再次回到血流当中。

紧束，通过调节该过程，胞外流度就恢复了正常。

虽然只有通过机器的检测才能确切知道流度已经完全恢复了正常，但在肠道中，过饱传感器会自动地为我们完成这些工作。它会告诉我们身体已经有足够的水分，并且失水细胞已经恢复正常。

# 四、饥饿动机

事实上，单独一个因素不会使我们感到饥饿，几个事件的共同作用才能使身体引发进食动机。肌体的正常代谢需要一定的营养供给，自我平衡机能通过监控这种供给水平来调节内分泌和消化作用，同时过饱传感器（与在口渴动机相关内容中遇到的情况相同）就如瞭望站一般检测着当前的供给状况。从更抽象的水平上看，外部影响和特殊的文化礼节有时也会激发我们进食的欲望，因为它们会唤醒我们心底的记忆——那些食物和庆典曾经让自己感到多么愉悦啊！

## 1. 自我平衡

人会感到饥饿的一个主要原因是身体告诉了我们饥饿。这很像一个初为人母的人要学着去分辨婴儿的各种哭声：饥饿的哭声、不舒适的哭声、病痛的哭声。一个熟悉自己身体的人也要学着分辨饥饿产生的痉挛和神经质的辘辘叫。如果你仔细聆听自己的身体，饥饿就会平息下来；但如果对身体发出的信号视而不见，它就会发出更多的信号——比如身体虚弱和昏睡。

**注 意**

聆听我们的身体在诉说什么是十分必要的。身体总是会发出信号告诉我们它的状况良好或者它缺少了某种物质。当身体出现不适的时候，如果能够理解身体诉说的内容，你就可以帮助医生顺利地诊断出病症，同时更容易地找到合适的治疗方案。

虽然上述行为均发生在身体表面，但引起最终饥饿痉挛的是另一种内部行为。发挥细胞的正常功能需要一定的营养供给，这是消化的首要目的。

食物被吃下后分解成较为简单的化合物，最终进入体内循环系统，成为能量的浓缩形式。葡萄糖，或者在血液中存在的其他简单糖类，是大脑能量的主要来源。这些糖分既可通过肝脏储存的糖原供应，也可通过食物获得。

## 2．传感器的作用

现在我们已经知道自己饿了，那么又如何知道自己饱了呢？换句话说，肌体如何知道在 4 个小时的消化过程完成后会最终产生营养呢？记住：营养是消化的产物。如果每当身体告诉你需要食物，你都企图一次进食 4 小时，那么请三思而后行。大部分情况下，可能仅想想头 2 个小时你就已经饱了！

胃和肝脏中的传感器会让肌体知道：营养应该很快就会产生。我们应该感到幸运，每日三餐不会花费掉半天时间。

## 3．抽象动机

想吃美味食物的欲望常常会被错当成进食的需要。当一番饕餮之后，7 道菜的大餐让你感到已经"塞满了"，可当甜点端上桌来的时候为何你又继续吃呢？你已经满足了身体对食物的需求，所以这与需要没有任何关系。

关于饮食习惯的一个抽象概念是"假日"。在假日里，几乎任何时间任何地点都有大量的食物供你享用。万圣节有给恶作剧者们送上糖果的礼节，但当有剩余的时候，主人通常会将糖果吃掉或者带到工作场所，这样更容易随手可得。感恩节中有一个习俗，准备

**重要提示**

"记忆"可以提供一种解释的可能。回想上次吃甜点时的感受，如果那让你感觉良好，那么回忆就会引发再次体会的欲望。同时，由于大部分甜点都是由大量的糖做成的，所以它们能够带来一种"奔跃"感觉，这种感觉与欣快的体验十分相似。

一顿无限丰盛的大餐，在整整一天中尽可能多地吃掉。可别忘了那些剩饭剩菜通常在节日后的一周还没吃完！与此类似的传统在圣诞节聚会和新年前夕的庆典上又会再次上演。既然知道身体不能消受，我们为何还要年复一年地准备这么多食物？因为这些惯例是我们文化和社会习俗中的一部分，因为我们是社会的一分子，而参与这些惯例是一种庆祝的表示。

# 五、进食障碍

肌体对食物的需求是人类的正常机能，它能够使我们保持健康、正常工作，更重要的是让我们的生命得以延续。虽然这是引导我们消耗食物的最初激发因素，但情绪、行为和态度也扮演着重要的角色。厌食症、易饿病和暴食症都是进食障碍的例子，在当今社会中，最常见的进食障碍还是肥胖症。

## 1. 基因遗传性肥胖

身体中的脂肪储存在脂肪细胞中，基因遗传能够决定一个器官具有多少脂肪细胞。肥胖家庭的成员更容易生出肥胖的后代，并会永远这样循环下去。研究者们发现：除了拥有的脂肪细胞数量，脂肪细胞的体积也会使我们变得肥胖，幼年食量过大会造成脂肪细胞体积胀大。注意，这个阶段的食量往往是由监护人决定的，而在大多数情况下，监护人的养育习惯是从他们自己的家庭成员那里继承来的。

## 2. 情绪也是一种动机

当饥饿和其他感情混淆在一起时，便会引发情绪性进食。设想这样一种假设：在幼年时期，监护人常常将婴儿大部分的哭声归结为饥饿，而事实上很多时候他们是把焦虑错当成了饥饿，这就是混淆形成的根源。另一种假设：因为监护者习惯性地用食物来安抚他们的婴儿，所以肥胖的成年人就会模仿那种行为响应，他们认为这样就可以让自己平静下来。正如之前提到的那样，

**心理学大考场**

**引起肥胖的主要原因是什么？**

当今社会中，有许多的人经受着肥胖的困扰，有多种因素可能造成肥胖，这些因素既有肌体内的又有肌体之外的，比如基因、环境、社会、营养、心理以及新陈代谢，这就让情况变得更加复杂。

当我们将欣快的感觉与进食联系在一起时，进食的行为就变成了渴望而不再是需要。

### 3. 新陈代谢和锻炼

新陈代谢的水平越低，热量的消耗就越少，自然而然就会导致更高的体重。节食也会减慢新陈代谢，所以在节食过程中总会出现体重停止下降的"阻碍平台"期。

锻炼可以帮助维持规律的新陈代谢，当肥胖者停止锻炼时，就可能出现重复性失活的多米诺骨牌效应。多余部分的体重会造成锻炼的痛苦和不适，所以肥胖者失去了消耗大量热量的机会。这之后，脂肪组织替代了肌肉组织，从而令人体的基本代谢率降低。未消耗的热量和减少的新陈代谢共同作用，导致脂肪快速堆积。如果这种情况没有立刻得到处理，事态就会变得失去控制且异常危险。

## 第八章

# 改变意识状态

人类为了掌握转换意识状态的技巧，不停努力了数个世纪。意识状态的转换可以实现启迪思维、放松心态或者逃避现实的愿望。如今，人们已经发现了达成这些目的的几条途径。这章将讨论什么是意识，以及意识存在和转换的不同方式。

## 一、意识水平

在开始讨论不同的意识水平之前，我们需要先对什么是"意识"有个清楚的了解。最简单的方式便是将"意识"理解成为"认识"，即对于人类自身和周围环境的认识。在人的肌体和周围环境中，认识的存在体现于多种层面，这些变幻多样的层面决定了意识的水平：有意识水平、前意识水平、无意识水平、下（潜）意识水平以及非意识水平。下面我们将分别对不同意识水平进行详细论述。

### 1. 有意识

有意识是一个描述积极认识的术语。例如，当门铃响后，自己应声去开门时撞到了脚趾，你会积极地感觉到自己刚刚撞到的是咖啡桌，明白那钻心的疼痛来自受伤的脚趾，清楚地知道诅咒脱口而出，也同样了解每次门铃响起的声音。对以上这些你都是有意识的。

### 2. 前意识

前意识储存了那些当下不会用到，但以后若需要可以重新取回的记忆。

这些记忆存在于你的脑海之中，但在出现一个触动要求你将其唤起并付诸应用之前，它都不属于积极的认识。只有将记忆取回之后，你才对它们变得有意识。

## 3.下意识

下意识掌控那些行使常规行为时要用到的信息和精神过程，这是不需要有意识地思考的。假设你正在为心理学课程撰写论文，当你知道要输入什么单词时，下意识就会自动完成输入。你已经了解输入的方法，相关的信息储存在你的下意识当中，所以手指能够对你想要输入的单词做出自动反应，在键盘上找到正确的位置。

## 4.无意识

无意识负责存储那些我们不知道的记忆。你可能正在想，如果储存在无意识层面的信息对个体而言是不知道的，那么我们又如何得知无意识的存在呢？通常情况下，当一个人被带入另一个意识状态，比如催眠状态时，这些记忆就会浮出水面。在催眠期间，一个人可以回想起无意识记忆，比如处于麻醉状态的病人在手术室听到的一段对话，但他自己完全不知道自己听到了。

> **知识点击**
>
> 无意识是弗洛伊德一直在研究的一个课题。他认为无意识水平上存储了所有由于太混乱而不能上升至有意识水平的记忆、思想和情绪。这个神秘的领域正是打开一个人真正身份、欲望和人格之锁的那把金钥匙。

## 5.非意识

思维中非意识的部分储存了那些你不知道但对于每天的生活又都是必需的信息。例如，每天早晨起床，完成一天的活动，晚上睡觉，还有一直都在进行的你的心跳，所有这些都是在非意识思维的指挥下完成的。此时此刻，信息正在你的体内进行着加工处理，并以此维持你的心跳，对于这些你不知道也不必知道，因为非意识都会搞定。

# 二、睡眠

睡眠是一种对我们每天的精神和身体机能都非常重要的意识状态。没有人确切地知道我们为什么要睡觉，但研究表明睡眠让我们的身体在一段时间的清醒状态之后得到恢复。在经受了白天的破坏性活动之后，睡眠让我们的身体有时间去修复它自己（修复细胞、增强免疫系统、消化以及存储学习中需要的知识）。

直到 20 世纪 50 年代早期，脑电图（EEG）发明之前，人们都认为睡眠是一种时间的暂停，在这期间大脑是关闭的。然而，脑电图使描绘人类睡眠时的脑电波成为可能，人们利用脑电波发现睡眠时的大脑绝没有关闭。通过记录大脑的电活动，研究者们可以看到睡眠时的大脑经历了 4 个活动阶段：

· **阶段一**——在第一阶段，你开始放松，身体准备进入睡眠。依据脑电图的显示，大脑首先发出 α 波，表现出一种缓慢而有规律的节奏。随着进入第一阶段的更深时期，脑电波开始变得不那么规律了。这一阶段的你处于浅睡眠状态，很容易就会醒。

· **阶段二**——在第二阶段，你的大脑发出无规则的短脉冲电波，这时的电波具有叫作"睡眠梭"的峰。在这一阶段，你不会觉得自己睡着了，但环境中的噪音不会将你吵醒。

· **阶段三**——第三阶段会将你更彻底地带入真正的睡眠。你的大脑仍然会发出和阶段二相同的不规则波，但也会偶尔插入速度较慢的高峰波，这就是 δ 波。你的身体已经放松到了一定程度，脉搏和呼吸的频率都减慢下来。这一阶段的你更加难以被唤醒。

· **阶段四**——在第四阶段，阶段二的 α 波已经几乎完全退出了舞台，δ 波占主导地位。你处在深度睡眠状态，要叫醒你需要一个外界刺激，比如一个响亮的闹钟。

一旦到达最后一个阶段，你将再次反向经历各阶段直至回到第一阶段。但这并不是进入半清醒时期，你的身体这时进入了 REM（Rapid Eye

Movement）睡眠。REM 睡眠得名于该阶段中眼球快速运动的特征。脑电图显示，在 REM 睡眠时期，大脑像在白天完全清醒时一样活跃。在 REM 睡眠中，你的血压上升，心跳加快，呼吸更快，很可能做梦。

整个晚上，你会从 REM 睡眠数次返回第二、三、四阶段。几个小时过去后，在二、三、四阶段停留的时间会越来越短，在 REM 睡眠状态的时间越来越长。

# 三、睡眠障碍

即使人们都知道睡眠是维持精神和肌体健康的重要因素，但在美国也只有大约 1/3 的人可以达到专家建议的每晚 8 小时睡眠。很多人都会说白天时不时地就会感到睡意袭来（可能是一顿大餐之后，或者当面对一份不想开始的工作时），同时还有些人经受着睡眠障碍的折磨，这令他们丧失了正常睡眠的能力。

## 1. 失眠症

失眠是一种最广为人知的睡眠障碍，其特征是不能入睡或者不能保持睡着的状态。患有失眠症的人渴望睡眠而且能感到身体对睡眠的需要，但是由于某些原因，他们不能睡够身体需要的时间。失眠症可能由各种各样的原因引起。它可能是心理因素导致的结果，比如焦虑、担忧或者沮丧；也可能是生物因素导致的结果，比如睡前服用兴奋剂或者关节炎、更年期潮热；还可能是环境因素导致的结果，比如邻居家传来的噪音、火车或者公路上来往的车辆声。

**注 意**

虽然看上去失眠症不过是个令人麻烦的小事情，但若自己不能解决问题（比如避免咖啡因，或者遵循规律的睡觉和起床时间安排），那么就要请教你的医生来讨论如何应对睡眠。睡眠对神经和身体健康至关重要，所以要采取任何可能的措施来保证身体得到适当的休息。

### 2. 睡眠性呼吸暂停

睡眠性呼吸暂停是一种睡眠期间呼吸暂停的睡眠障碍，它会引起窒息、气喘和短暂醒来。只要正常呼吸重新开始，人就会再次回到睡眠状态，甚至都不会意识到自己曾经醒过。这种情形一晚可能发生数百次，因此扰乱了几个睡眠阶段的正常循环，导致睡醒后人仍然感觉疲惫。睡眠性呼吸暂停是一种严重的睡眠障碍，它也会引发心律不齐和高血压，是潜在的生命威胁！

### 3. 嗜睡症

嗜睡症是一种在白天睡意不可预测发作的睡眠障碍，这种睡眠的迫切要求是不可抵抗的，每次发作可能持续 5 ~ 30 分钟。虽然这种障碍会成为几个喜剧故事的话题，但它却是一种严重的神经障碍。由于患者在病症发作时的不自制行为，嗜睡症可能会造成身体上的伤害。例如，一个患有嗜睡症的人，若在驾车的时候受到嗜睡症发作的袭击，就会酿成一场严重的事故。

# 四、我们为什么会做梦

这个问题的答案是未定的，你可能会得到多种多样的答案，具体得到怎样的答案取决于回答问题的人。许多科学家会告诉你做梦是一种意识的转换状态，梦本身是大脑放电和电波模式的一个副产品——是睡眠时大脑对肌体修复活动的结果。放电过程中神经元被激活，依照神经传导结束的部位，梦中就会出现不同的图像。比如，梦到自己正在下落，睡眠中的你甚至可能猛地拉动一下身体以保持平衡。

然而，这种解释并没被所有人接受。像弗洛伊德一样的心理分析学家们相信，梦是人们发泄欲望的一个出口——在现实社会中，欲望可能不被接受——

> **知识点击**
>
> 许多文化相信梦是预言，或包含着来自灵魂世界的信息。因此，梦被提升到了一个极其重要的位置，并得到严肃的解释。在这种解释中，梦对该文化当中的部分或所有成员都会造成直接的影响。

或者是解决冲突的一个途径。梦蕴含着做梦人所不知道的潜在含义。梦中的每个要素都是做梦人内心深处愿望、冲突和（或）动机的象征。虽然梦有着根深蒂固的心理学含义，但是没有一个可靠而且客观的方法可以解释每个人的梦。

还有一些人相信梦是生活经历的直接结果，是一个人有意识的思想和白天活动的无意识延续。在这些梦中，人可能会对目前生活中存在的一个问题感到焦虑或担忧。或许人们也能够通过解释梦中的图像、想法和情绪，找到解决现实问题的方法或者造成该问题的根源。

当然，对梦的解释还不只上面提到的这些。个人、科学家和各种文化都还在进行着对梦的研究和解释，但还没有一种解释能够充分地说明我们做梦的原因。

# 五、催眠及其作用

催眠是这样一个过程：催眠师通过暗示令被试者改变感情、感知、思想或行为。许多人认为被催眠的人正在经历着一种意识状态的转换。处于催眠状态的人接受催眠师的暗示，但不在催眠师的控制之下。换句话说，无论你在电影中曾经看到怎样的情形，催眠都不是思维控制的一种形式。被催眠者几乎完全知道正在发生的事情，并且不能被强迫做任何违背他意志的行为。

## 1. 催眠易受性

不是所有的人都会被催眠，就算是最好的催眠师也不能催眠一个不想被催眠的人。接受催眠的人是否进入催眠状态更多地依赖于这个人自身而不是催眠师。不同的人在催眠易受性上存在着差异。那些容易在书籍和电影中迷失自我的人，或者具有丰富想象力的人是好的催眠候选人。那些总是脚踏实地于现实世界的人几乎不可能对催眠作出响应。这种易感性与人格特征绝对没有任何关系，一个人易受催眠不能说明这个人就容易受骗或者顺从。

## 2. 催眠术的用途

与流行的观点恰恰相反，催眠不是将受压抑记忆带出"水面"的直接有效方法，更别说用来对付跨国诱拐或者回忆童年虐待了。因为接受催眠的人对催眠师的暗示高度响应，他可能会被引导到正确的答案或者以某一特殊的方式唤起"记忆"，这些都取决于给出暗示的方式。还有一种可能，被催眠者拥有极其丰富的想象力，在自己想象的场景中扮演一个角色，他甚至会相信这个经历是真实的，但事实上，这一切不过是他想象的产物而已。

**重要提示**

如果有机会在某个娱乐场所观看催眠师的表演，那将是非常有趣的。你甚至可以自告奋勇去做一名参与者，亲自体验催眠术的整个过程——当然，全部都是以科学研究的名义！

当然，催眠有些时候可以成功地激起回忆，虽然结果不是 100% 正确。例如，一个犯罪事件的受害者在催眠状态下能够回忆起罪犯身上的文身图案，然而在有意识的状态下他却不能。但如果受害者对那个图案有种想象的感知，那么完全确信催眠时的回忆就不是明智之举了。

研究已经表明，在医疗舞台上，催眠会非常有效。催眠已经被用于缓解疼痛、压力和焦虑，也在减少化疗病人的恶心呕吐症状等方面功效卓越。甚至，催眠还可以用作外科手术中的麻醉手段。一些心理学家可以运用催眠术帮助人们改掉不好的习惯，比如咬指甲，或者通过提高被催眠者对自己和自己能力的信心达到增强其自尊心的目的。

# 六、冥想

冥想是一种自我诱发的意识状态转换，在全世界的几种不同文化中都有实践。冥想在美国一度流行，对于生存在压力社会中的现代人来说，冥想可能具有某种平静的作用。你肯定见过现在比比皆是的瑜伽培训班、瑜伽指导书和录像带（瑜伽是一套着意于引发冥想状态的锻炼体系）。

冥想的前提是使你的肌体进入一种放松状态，让自己将所有担忧、焦虑和麻烦的想法统统从脑袋中清除出去。随着身体的放松和思维的清晰，你的血压变低，精神活动减慢下来，同时机敏度得到了提高。一些人将冥想放到自己每天或每周的日程表中，已有报道显示，他们能够更好地排解压力，感到情绪更加稳定，甚至体会到身体状况的改善。

# 七、精神药物及其作用

精神药物是那些作用于大脑从而改变心情、行为、思想以及感知的药物。人们转换意识状态的最常用方式就是服用这些药物。目前的精神药物主要有4类：镇静剂、迷幻剂、鸦片剂和兴奋剂。下面让我们更详细地了解每种药物以及它们对人体的作用。

## 1. 镇静剂

就像它的名字意味的那样，镇静剂会减慢中枢神经系统的活动。使用最广泛的镇静剂是酒精，其他镇静剂包括安定药以及巴比妥类药物。因为能够减慢神经和肌体活动，镇静剂可以使人感到平静和释放压力，缓解焦虑和紧张。虽然看起来像是意外，镇静剂也会削弱你的判断力和协调能力，并且减小身体的抑制作用。大剂量地服用镇静剂可导致痛觉失敏、惊厥、眩晕和心律不齐。

## 2. 迷幻剂

迷幻剂干涉人的正常思考功能，改变人的感知并且影响人的感觉。常见的迷幻剂包括麦角酸二乙基酰胺（LSD）、赛洛西宾（也称裸盖菇碱，由墨西哥裸盖菇种分离而得）和酶斯卡灵（也称拍约他，提取自墨西哥威廉斯仙人球花）。迷幻药的作用因人而异，也依剂量而不同。当一个人服用迷幻药后，他通常会说正在"旅行"，旅程的

**知识点击**

大麻作为典型被单独列为一类。大麻具有迷幻剂的一些特性，也具有轻微的兴奋作用，它的作用和镇静剂相仿，但大麻还是被当作特殊的一类来对待。大麻的作用依剂量不同而有所区别，较小剂量会产生欣快的感觉，但较大剂量就会引起迷幻。它会削弱你的协调能力，使你产生焦虑的感觉，并且减慢你的反应速度。

范围很广，可能是充满愉悦的光明之旅，也可能是地狱般的噩梦之旅。迷幻药能够引起幻觉（迷幻药也是因此而得名），最常见的就是视觉幻觉。

### 3. 鸦片剂

鸦片剂削弱人的响应能力，并削弱感觉能力，最明显的就是痛觉。比如，你可能会从医生那里得到鸦片剂的处方，因为它可以当作止痛药。当然，鸦片剂也被用于消遣目的，但这是违法的。最常见的鸦片剂有鸦片、海洛因、美沙酮以及吗啡。鸦片剂的作用多种多样，但是大多数人首先感受到的是一种突然的欣快感，或者说是"奔跃"。这种欣快感之后，紧接着的就是一种焦虑减退的松弛感。

### 4. 兴奋剂

兴奋剂是镇静剂的对立面，它们加速中枢神经系统的活动。兴奋剂包括可卡因、盐酸去氧麻黄碱以及安非他明，当然还远远不止这些。因为这些兴奋剂具有加快精神和肌体活动的作用，所以它们常常会引发兴奋感，并且带来更高的能量水平和自信感，但是大剂量使用兴奋剂会诱发焦虑和幻觉，甚至惊厥和死亡。

> **注 意**
>
> 也许现在你并不觉得自己是一个真正的药物服用者，但如果你有每天喝一杯咖啡的习惯，或者经常吸烟，那么事实上你正在服用药物。咖啡中的咖啡因和香烟中的尼古丁都是兴奋剂。

## 八、药物滥用及依赖

药物使用不等于药物滥用，毕竟有些药物属于处方药且只用于医疗目的。但是当药物使用破坏了一个人的日常活动或机能，且影响了他与社会、家庭和朋友的相处时，药物使用就演变成了药物滥用。

许多药物会使人在心理上或者在身体上上瘾。随着药物的持续使用，身体可能对它产生一定的耐受性。这种情况一旦发生，药物对身体的作用就会减弱，为了达到相同的效果，服用者就不得不加大服药的剂量。发展下去就会进入药物依赖的恶性循环，甚至达到只有使用药物才能让人感觉正常的程度。这时药物对人的控制力强大到超乎想象的程度，以至于若要试图削减用量，身体就会经受退瘾性综合征的折磨，这绝对不是一种愉快的体验。退瘾性综合征的症状可能包括腹部绞痛、出汗、恶心、肌肉痉挛以及抑郁消沉。

**重要提示**

有些人会比其他人更容易形成对药物的依赖。造成这种高风险的原因有以下几个：选择使用的药物、家庭用药史、基因构成、人格特征以及个体应对紧张性刺激的能力。

不幸的是，在我们今天的社会中，药物滥用和依赖已成为一个日益严重的问题。由于精神药物的使用会改变人的意识状态，所以它潜在的长期副作用可能远远超过你暂时体验到的快感。如果你期望通过意识状态的转换来获得启迪，或者是为了消遣和逃避现实，其实还有其他更好的、更无害的方式可以达成这一愿望。

第九章

# 条件反射与学习

为了更好地了解自己和他人，我们需要关注两个问题：人类怎样学会了行为？人类为何会做出这样的行为？本章将讨论心理学家所研究的各种学习方法，以及它们对人类生活的影响。你还将看到在我们学习行为的知识体系中，猫、鼠和狗分别扮演着怎样的角色。

## 一、适应——学习的最基本方式

要了解我们是如何学习的，最好先来看看18～24个月大的婴儿们。婴儿对一切知识充满了渴求，即使是最好学的成年人也无法教授其所有的知识。如果你有孩子，就会完全了解这一点，婴儿们通过体验和观察进行学习。婴儿会捡起任何触碰得到的东西，甚至还会放在嘴里嚼。这可能是父母们的一个烦恼，却是婴儿学习过程的一部分。

孩子或许不能告诉你他正在学习什么以及他想要学习什么，但是通过观察我们就可以相当容易地了解这些问题的答案。留心观察一个被若干事物包围的孩子，你会发现他很快就将注意力转移到那些最新出现的东西上。一旦对这个新事物熟悉起来，他就会将之抛弃并且将注意力转移到下一个事物上。这一过程叫作适应，它是学习的最基本方式。孩子对一样东西变得适应后就会渐渐厌烦，然后挑出另一样不熟悉的事物，这

**重要提示**

通过观察，我们也可以看到婴儿具有记忆的能力。当需要在两件事物中做出选择的时候，婴儿会先看一眼那件他已经熟悉的事物，然后伸手去拿那件他从未见过的。他记得第一件事物已经被学习过了。

样就形成了学习的循环。

适应向我们展示了人类对学习和体验新事物所具有的天生欲望，也表明了我们能够区分并且记住事物、种类、颜色以及质地之间的不同。适应是最初、最基本的学习方式，但不是我们唯一的学习途径。

# 二、条件反射

行为主义者们将学习视为由于体验而对行为产生的一种改变或者影响。换句话说，体验是最好的老师。学习行为的类型集中体现在条件反射上。条件反射是一种学习过程，环境刺激引发反应，个体从刺激和反应之间的相互联系中获取知识。所谓相互联系就是决定或者更改我们行为的因素，因此我们学会了在以后遇到相同刺激时应该以怎样的方式做出适宜的行为。条件反射有两种类型：经典性条件反射和操作性条件反射。如果这看起来有些混乱，别担心，我们将进一步了解每种条件反射，从而帮助你更好地理解它们是如何发挥作用的。

# 三、经典性条件反射

经典性条件反射是伊凡·巴甫洛夫非常偶然的发现。正如前面提到的那样，巴甫洛夫当时正在研究狗的消化过程。为了测量狗产生的唾液量，他在狗的嘴中插入了一根管子，然后用食物刺激其唾液分泌。在实验室里，按这种流程经过多次实验之后，那条狗在食物入口之前就开始分泌唾液了。起先，巴甫洛夫将这一现象当作实验中的一大障碍，但他很快意识到，狗的唾液分泌是期盼喂食的一种条件化的反应。因为狗在此之前并没有这样的行为，巴甫洛夫

**知识点击**

虽然巴甫洛夫是经典性条件反射的缔造者之一，并且他也因为在此领域的贡献获得了诺贝尔奖，但是一些人认为，事实上是巴甫洛夫的一个学生指出了狗在被喂食之前就开始分泌唾液的现象。

认为这一反应是通过体验习得的。于是他放弃了对消化系统的研究，转而研究这种反应。

经典性条件反射背后的本质思想是：经典性条件反射是将正常的中性刺激转变为条件刺激的过程，由于一个刺激引发过类似的反应，于是与该刺激相联系的另一刺激就会引发一个人，或者一条狗（像实验中一样）的这种反应。下面让我们进一步了解经典条件反射究竟是怎样起作用的。

## 1. 经典性条件反射怎样实现

经典性条件反射具有 4 个构成部分。前两个部分分别是无条件刺激以及无条件反应。巴甫洛夫实验中的无条件刺激是狗的食物，食物是自动引发无条件反应（唾液分泌）的刺激，这两个因素是自动的。换句话说，它们不受条件控制，不是学习得来的。

> **注 意**
>
> 中性刺激必须在非条件刺激之前出现才能成为一个条件刺激。也就是说，铃铛要在给食物之前摇响，才能使铃响成为食物出现的一个信号。如果铃响跟随在给予食物之后，它就不是一个信号，因此就不能成为一个条件刺激。

接下来的两个部分造就了一个有趣的现象。在巴甫洛夫的研究中，他在给予狗食物的时候同时配合了摇铃的声音，因此将一个条件刺激（摇铃）和一个无条件刺激（食物）配合起来。最终，他去掉了无条件刺激只提供条件刺激，单独条件刺激仍然能够引发无条件反应，因此使无条件反应变成了一个条件反应。换句话说，只要狗听到摇铃的声音，即使没有任何食物出现它也会分泌唾液。条件刺激和条件反应这两个部分是有条件的，需要通过学习才能得来。

中性刺激变为条件刺激的过程是经典性条件反射的基础。当然，这种刺激必须被反复实施，如果铃响只和食物配合一次，狗是不会在听到铃响之后分泌唾液的。狗必须要有规律并且反复地经历这种配合，才能在两种刺激之间建立起某种联系。

## 2. 经典性条件反射的特征

经典性条件反射中的条件反应不是必要的永久性反应，它们可以被忘却或者被磨灭。比如，巴甫洛夫的狗可以被重新训练成对铃响没有反应的狗。如果有人将铃摇响但不在铃响之后给予食物，并让这种情况有规律地反复出现，那么狗听到铃声之后就不会再分泌唾液了，因为铃声不再是食物出现的信号。在这种情形之下，条件反应已经被磨灭了。

经典性条件反射也可以引发刺激泛化和刺激辨别。刺激泛化指当类似的但与条件刺激不完全相同的刺激出现时，个体做出相同的条件反应。换句话说，如果一个孩子被罗维纳犬咬过，他就会对所有的狗产生恐惧，而不仅仅是罗维纳犬。虽然并不是所有的狗都是一样的，但是这种刺激已经足够相似到引发相同的反应。另一方面，两种相似的刺激可能引发不同的反应，这就叫作刺激辨别。还是运用前面的例子，另一个孩子也被罗维纳犬咬过，但他能够辨别罗维纳犬和狮子狗之间的区别，那么他就不会对狮子狗产生与对罗维纳犬同样的恐惧反应。

# 四、经典性条件反射的应用

无论你是否意识到，经典性条件反射都在影响你的生活。我们对视觉、声音、事物或人的许多情绪反应都依赖于经典性条件反射。例如，以前的爱人总是喜欢用某个牌子的古龙水。多年以后再次闻到那种特别的香味，你仍会有一种悲伤的感觉，就好像又一次体验了在生活中失去那个人的痛苦，这是因为你将那种特定的香味与某个特定的人联系在了一起。或许你的家人会在假日烤制一种特别的甜点。当你不经意闻到一丝那种香味时，就会感到一阵兴奋，因

> **知识点击**
>
> 情绪是一种很强大的力量，它可以使我们按照从来未想过的方式思考或者行事，有时候甚至取代了我们的基本原则。广告商们总是利用人们的情绪反应，例如经典性条件反射，促进人们对其产品的购买。

为你将那种香味与以前兴奋的感觉联系在了一起。

经典性条件反射既会产生积极的反应也会产生消极的反应，这取决于它们所建立联系的性质。例如一次暴风雨中，一个孩子听到打雷的隆隆声，然后仅在 1 秒钟之后目睹了大树被闪电击中的情景，那么他将来就会害怕暴风雨中的雷声；但是，另一个听到相同雷声的孩子在打雷的时候正安逸地躺在父亲的怀里，那么他以后听到雷声就会感到愉快，因为那种联系的性质是令人满意的。

# 五、操作性条件反射

行为主义者研究的另一种学习类型叫作操作性条件反射。操作性条件反射是一种个体反应紧跟结果（积极的或者消极的）的过程，那个结果会教导我们重复或避免这种反应。经典性条件反射与操作性条件反射的主要区别是：在经典性条件反射中，学习过程是自发的，并不依赖于结果，而在操作性条件反射中，学习过程更为复杂，并且依赖于反应所引发结果的类型。换句话说，学习过程导致了不同类型的自愿行为。你不能决定是否分泌口水，但是如果想得到薪水，你可以决定去工作。

## 1. 猫和老鼠

爱德华·桑代克从对猫的实验中归纳得出了操作性条件反射的概念，并为此理论奠定了基础。在其实验中，桑代克设立了一个难题箱，里面放了一只饥饿的猫。然后他在箱子外面放了一碗食物，猫可以看到食物，但是无法吃到，除非它能从箱子中逃离出来。猫必须启动一个机械装置，才能够开启逃离的路线。当然，猫并不知道自己必须启动那个装置，所以它只是四处乱跑，对着箱子壁上蹿下跳，然后不停嗷嗷叫——简而言之，猫尝试了它知道的所有可能得到食物的方法。最终，猫偶然地碰到了装置的开关，因此逃出了箱子，得到了食物。之后桑代克将猫重新放到箱子中，如此重复几次，每次猫都可以用更少的时间找到开关。几次实验之后，猫最终能够立刻开启装置逃出箱子并得到它的奖赏。于是桑代克得出以下结论：猫的行为受到了程序化的控制，开启装置然后获得食物，或者不开启装置且被困在箱子中。

伯哈斯·弗雷德里克·斯金纳继承并发展了桑代克的理论。斯金纳在实验中用到的不是猫而是老鼠。他构建了一个"斯金纳箱子"，里面放进老鼠。箱子上装有一个特别的装置，当按下上面的杆子，就会有食物小球传来。与桑代克的实验十分相像，开始的时候老鼠使尽所有招数也只能毫无目的和动机地到处乱撞。但是斯金纳没有等着老鼠自己去偶然地按下杆子然后学会这种技能，而是每当老鼠更接近做出正确反应（按下杆子）的时候，就

**重要提示**

在桑代克的年代，人们还不知道所谓的操作性条件反射。当时，桑代克将他的理论定义为效果率。这一理论的基本论点是：结果影响动物或人的行为，如果结果是良性的，特殊行为就会在未来得到重复。

用食物奖励它。渐渐地，斯金纳能够塑造老鼠的行为并且教会它按下杆子。最终，老鼠有意尽快地按下杆子以获取食物。斯金纳认为，要想了解一个人，必须从外部观察这个人，观察他的行为所造成的结果，而不是试图断定这个人的内心世界。换句话说，人在过去和现在获得的结果就是塑造这个人行为的原因。

## 2. 操作性条件反射如何运转

操作性条件反射依赖于正在被加强的行为，这些行为或者是正面的或者是负面的，这将决定该行为未来发生的可能性是增加还是减少。依据斯金纳的理论，对于一个反应有 3 种不同类型的结果：鼓励强化、惩罚以及中性结果。鼓励强化增加反应再次发生的可能性。正面的鼓励强化是指在行为之后予以好处，比如一次款待；负面的鼓励强化指在行为之后撤销坏处，比如在你扣上安全带后安全警报器停止了鸣叫。需要记住的重要一点是：鼓励强化总是会增加该行为以后发生的可能性，无论这种强化是正面的还是负面的。惩罚减少反应再次发生的可能性。例如，碰到一个炽热的火炉，手指被烫伤了，你就不会想要再次重复这种行为。当然也有中性结果，这些结果与反应再次发生的可能性增减没有关系。最典型的中性结果就是不予理睬，这将不会影响人的任何决定。

# 六、操作性条件反射的应用

操作性条件反射的例子，在我们的生活中每天都有发生。为什么你会这样做，而避免那样做？因为我们的生活中充满了奖励和惩罚。去上班是因为工作会为你带来报酬。如果奖励不在了，你会仍然每天都去上班吗？可能不会。当开车去上班的时候，你会将车速保持在限制速度以内的一个合理范围内（至少我们希望是这样），因为如果不这样做，就会得到一张超速行驶的罚票，必须支付罚金，而且承担保险等级提高或者发生车祸的风险。早上你会喝咖啡吗？这太有可能是一种操作性条件反射了。毕竟，喝咖啡是因为咖啡因能够使你变得清醒，或者你可能只是喜欢咖啡带来的那种味道或者温暖的感觉。无论如何，咖啡的效果是奖励的，增加了你每天早上继续喝咖啡的可能性。

## 1. 向他人教授行为

迄今为止，我们已经讨论了操作性条件反射如何使你学会特殊的行为，但你常常也会站在另外一方的立场上，向他人教授行为。比如，为人父母。如果孩子因为想要得到某样东西而在商店里发脾气，而父母为了让孩子停止发脾气就让他拥有那样东西，那么孩子就认为发脾气会被奖赏他想要的东西。下次又想要什么但没被马上满足的时候，孩子很可能会再次发脾气。顺便提醒，孩子也恰恰为父母购买玩具的行为提供了负面的鼓励强化，因此增加了购买行为再次发生的可能性。又或许你拥有为自己工作的雇

> **注 意**
>
> 操作性条件反射可能导致坏的习惯。比如，吸烟是一种坏习惯而且对你的健康有害，所以惩罚（健康的恶化）原本应该减少你继续吸烟的可能性。然而不幸的是，许多人发现吸烟的奖励（感觉放松、满足身体的烟瘾等等）超过了惩罚，于是会将这种习惯继续下去。同时，吸烟的奖励是立竿见影的，但惩罚却遥遥无期——那不是一个非常有效、紧急的惩罚。

员，对于他们的一些行为你会做出怎样的反应？如果一个雇员一直迟到，那么你的反应就会影响这个员工之后的行为。假如你选择不理睬这种情况，那个人就会继续这种行为，因为迟到的经历（有更多的时间躺在床上等等）是具有奖励效果的。但如果你以惩罚或者奖励作为回应，这种行为就更可能得到改变。当然，操作性条件反射在动物身上也起作用。如果你曾经试着训练一个动物，你就会非常理解奖励和惩罚的作用。

**重要提示**

认识经典性条件反射和操作性条件反射在人的学习过程中所起的作用，以及它们如何激发特定反应与行为，将会帮助你更好地了解自己和别人。

## 2. 有效的奖励

如果正面或负面的奖励能够被恰当地实施，其在改变行为上的作用就要比惩罚显著得多，因为奖励增强了期望的行为（记住：奖励增强行为），虽然惩罚停止行为，但它不会达到想要的目的。如果你想要通过惩罚正确行为以外的一切行为来改变现状，那么不管你训练的是谁，恐怕都会放弃，并且停止提供任何行为，或者开始反抗。

如果希望某种行为永远地进行下去，那么当它明确地被学会时，你就可以将其提上"间断、随机奖励"的日程。这意味着行为不时地被奖励（正面奖励还是负面奖励不是关键），受训者不能预料奖励何时来临。这在奖励强大的情况下尤其有效。例如，你懂得了如何购买和玩彩票，并且不时地得到奖励，同时又不能预计奖励的到来——会是下一张吗？如果这次赢了500元钱，便会期望着下一次中奖，这种购买彩票的行为会持续多久呢？会很久。恭喜你：赌博上瘾了。

如果你希望行为消失，并且十分确定维持行为的奖励是什么，那么就可以停止行为发生时的所有奖励，从而使这个行为消失。如果你继续购买彩票，但之后再也没中过一次奖，那么最终你会停止购买行为。消灭行为的棘手问题是：恰恰在行为停止之前，情况变得更糟。这种现象叫作"消灭爆发"，这对训练者而言是致命的。所以，如果想要从你那个为了得到玩具而大叫不止的孩子身边拿走所有的奖励,那么,坚持住!当他音量上升的时候,更加不要去买那个玩具,或者反而去奖励他的行为。否则,你就奖励了真正可怕的大叫行为。又或许你想要"试图忽略"坏行为,但当实在无法继续忍受的时候(因为消灭爆发正在折磨着你),又通过提供注意力的方式而最终奖励了它。请千万别这么做,这样的举动会让你的处境变得更加糟糕。

# 七、通过观察和模仿学习

还有另外一种学习,那就是通过观察和模仿进行学习,称为观察学习。当然,经历是一位伟大的老师,但是我们不需要为了学习而去亲身经历一切。我们可以观察别人的行为和行动,并从他们的经历中学习知识。事实上,这种观察学习在孩子身上体现得非常强烈和普遍,当然成年人也会参与。

观察任何一个孩子,你都会发现正在他们身上发生的观察学习。由于孩子

> **知识点击**
>
> 因为孩子受到观察学习的强烈影响,所以只有言传而没有身教就不能得到你想要的结果。模仿父母行为的动力远比执行口头命令的动力要强得多,即使惩罚或者奖励与警告相结合,情况也不会有太大的改变。

最常出现在父母和兄弟姐妹身边,因此孩子们非常可能模仿这些家庭成员的行为。随着他们逐渐长大,也开始模仿同龄人甚至电影和电视中人物的行为。他们会仔细观察别人身上的行为以及这些行为所带来的结果。如果他们喜欢所看到的行为,并且预见到针对特殊行为的潜在奖赏,他们就会模仿那个行为,或者与之十分相似的行为。比如说,一个孩子看到他的父亲在车道上打篮球十分有趣,他也会想要尝试打篮球。当然,模仿行为并非总是产生积极的结果。一个孩子看到同学威吓另一个孩子交出玩具,他也会模仿这种行为,因为玩具是种奖赏。

成年人也通过观察进行学习。一名医学系学生会通过观察医院中其他医生查房时的行为来学习查房的程序和医生应有的举止。想想自己每天的活动以及那些被观察和学习的人,你会惊奇地发现自己参与观察学习的行为远比想象中频繁得多。

## 第十章

# 我们怎样记忆，我们为何遗忘

人类的记忆能力是强大的。记忆使我们能够存储习得的信息，并在之后将之再次取回。记忆是个性特征的主要构成部分，对日常活动而言十分重要。记忆是如何工作的，为什么我们常常不能回忆起那些明明自知存储在大脑某个角落的信息呢？

## 一、记忆概述

记忆使你能够重新找回往事。可能听起来这是相当简单的事情，但事实上，记忆是个非常微妙和复杂的东西。首先，我们来看看记忆运行的几个基本要素。

将记忆想象成一个巨大的选择性存储系统，它能够存储不计其数的大量信息。记忆建立在 3 个组成部分之上：编码、存储以及提取。编码又包括了信息的摄取以及大脑对信息的转化，通过转化，信息具备了大脑可处理的形式。信息必须以图像、概念的方式，或者处于一个精神网络之中才能被存储起来。提取涉及信息的恢复及利用。

**重要提示**

记忆是具有选择性的。记忆不会存储我们经历的每件事情，或者接收到的每个小的细节和信息。可以说，为了保持空间的清洁，记忆必须具有选择性。如果不这样，头脑中就会杂乱无章地堆满大量不重要或者无用的信息。

### 1. 填充缝隙

大多数人认为（甚至是坚持认为）我们能够恰当地回忆起往事中的每一个闪光点。比如，你敢发誓完全记得丈夫求婚的那一刻，包括所有的细节——毕竟那是一个如此特别的场合，你怎么可能忘记呢？但是，若要详细地回想那件事，你就很可能会记错一些细节，甚至会编造一些细节！这是因为记忆的提取是一个重建过程，在这个过程中，我们取回了事件的某些闪光点，但对于那些没有完全存储或处理过的记忆细节，人类就会自行填充这种记忆的缝隙。

由于在取回记忆的时候，不得不对不完整的往事进行重建，所以我们通常会依赖于其他来源的信息去填充记忆的缝隙，甚至根本意识不到自己正在进行填充工作——因此，人们会坚持认为自己完全记得曾经发生的事情。比如，我们对某一事件的结论可能来自可疑的照片或者录像，可能来自别人讲述的故事，也可能来自事后自己所说、所想或者所感受过的任何事件，有的时候甚至来自我们内心所期望的想法（期望记忆中存在的内容）。

### 2.内隐记忆和外显记忆

正如你所知道的那样，有一些事物是自己真正努力想要记住的，比如即将到来的考试内容。另外还有一些事物并不是你期望记住的，但无论如何还是记住了，比如商业广告语。那么这两者之间有何不同呢？

那些你有意识记住的信息存储在外显记忆中。因为有意记住的信息需要花费能量，所以记忆存储这样的信息是合情合理的。而那些不是为了以

**知识点击**

外显记忆的提取通常以下述两种方式之一进行：回想或者识别。回想是有关真正找回存储信息的能力，例如填空或问答题。识别是涉及认出所存储信息的能力，例如多项选择或者真假判断题。

后使用而无意储存的信息，却偏偏被记住了，它们存储在内隐记忆中。表面看来，这种类型的信息必定是以某种方式对你产生了影响，但事实上，人类对为何会在记忆中存储这类信息的原因还不是完全清楚。

## 二、感觉记忆和外来刺激

作为一个巨大的存储系统，记忆被划分为3个子系统，第一个子系统

就是感觉记忆。这是所有外来刺激必须经过的入口。这一子系统进一步又分为与每种感觉相互对应的存储区域：听觉、视觉、嗅觉、触觉以及味觉。你所感受到的任何信息都会直接被传送到这些记忆区域中的一个中。

这些印象的记忆被简要地存储下来。你是否留意过这样的情况，在关上收音机之后，仍能听到瞬间的声音？或者，也许你对着太阳看（尽管你知道这样做并不好），然后闭上眼睛：你是否能感到太阳仿佛还在那里？由于它们被暂时存储在你的感觉记忆中，所以这些延迟的印象是可能出现的。

由于你总是在不断接受新的信息，感觉记忆不能长时期地存储印象。比方说，视觉区域只能存储 1 秒钟的片段印象，而听觉区域存储的印象稍长，但也不会超过 2 秒。令人惊异的是，这对你的大脑来说，已经足够决定如何处理这些信息了。

在印象被存储的瞬间，大脑就会做出判断：该信息是否重要？如果判定为重要信息，印象就会移入短期记忆。如果判定为非重要信息，大脑就会将其丢弃，这样信息就会消失。

# 三、短期记忆和工作记忆

通过感觉记忆筛选的印象继而进入短期记忆。在这个转移过程中，印象经过处理或者编码之后转换成大脑可以识别的信号，比如词语。信息在短期记忆中同样不会停留很久，大约只有 20 秒。

短期记忆只应对现在时，它存储当前时刻你所意识到的一切：你正在读的语句，你正在吃的食物，屋外传来的狗吠声，你刚刚查看的电话号码等等。之后，大脑会做出判断，是将信息转入长期记忆还是将之丢弃。

## 1. 存储室

短期记忆只能容纳特定容量的信息。但是，它到底能够存储多少条信息呢？长期研究表明，这个神奇的数字是"7"，上下允许浮动两位。这就很好地解释了邮政编码、电话号码的数字位数。然而，并不是所有人的短期记忆容量都是这个数字，有些人只能记住两位，而另一些人可以记住长达 20 位的数字。无论如何，短期记忆都不能一次性地容纳很多条信息。

幸运的是，我们能够将这些信息点整合成为大的信息组块，每一组块被记做一条信息，这样我们就能够存储超出想象的信息量了。例如，很多人会将"DVD"看作一条信息，或者是一个组块，而不是 3 条分开的信息。类似的情况，你常常会看到商业机构的电话号码作为组块就很容易被记住，比如"555-PETS"（"国际宠物看护员"组织的成员电话）是两个组块，而不是 7 个单独的数字。

**注 意**

短期记忆力的不济，可能已经给很多人带来了挫败感。这是因为，有些时候需要接收的新信息出现频率很快，而新信息又会将已存在的信息替换掉。对一些人而言，在他们做好准备之前，旧信息就已经被取代了。

## 2. 工作记忆

短期记忆不仅仅存储新引进的信息，它也负责容纳那些已从长期记忆中取回的有临时用途的信息。短期记忆中有一个专门的系统，它负责处理和解释从长期记忆中引入的信息，这个系统叫作工作记忆。例如，你在考虑购买某种正在打折的特价商品时，工作记忆会同时处理你面前的单价和折扣数字，并且根据长期记忆所给出的指示，完成一个数学等式，这样就算出了该商品目前的价格。

# 四、长期记忆以及它们是如何存储的

长期记忆是记忆的最终目的地。由于不能被测量，人们一般认为长期记忆拥有无限的容量。长期记忆中已经存储了大量的信息，而且每天都还在继续存储更多的信息。例如，每天的日常活动都依赖于存储在长期记忆中的记忆。在某种程度上，以前你学会了怎么洗澡、刷牙、穿衣、泡咖啡、开车去上班、工作、做晚餐以及调闹钟等等。所有关于如何完成这些事情的记忆都可以从长期记忆中取回，虽然对于这种提取你是完全无意识的。当然，这并非信息存储的唯一形式，那些构成了你的个人经历并且给了你身份感的往事也同样存储在这里。

## 1. 信息的存储和识别

虽然长期记忆中容纳了大量的知识信息，但它并不是将到处游弋的各个信息点简单堆放在一起，如果这样，我们的长期记忆就只能是一片混乱。在长期记忆中存在着一个组织系统，帮助完成记忆的存储和取回。

当一个记忆进入了长期记忆，它就会与已存在的记忆产生联系。例如，长期记忆中的单词总是存储在那些与其意思、发音或者拼写相似的单词旁边。为了帮助将其进一步细分，你的思维会为所有单词建立目录，所以苹

> **知识点击**
>
> "口头故事讲述"是记录历史的最初方式（在书面词汇出现之前），几种古老的文化都是依靠其成员的长期记忆来完成这些故事的放弃或者传承的。比如说，《奥德赛》和《伊利亚特》都是原创、口头形式的史诗，很久以后它们才在书面上被重新编撰和记录下来。

果和桃子会存储在彼此附近，因为它们都属于水果；椅子和桌子也会存储在彼此附近，因为它们都属于家具；衬衫和短裙会被存储在一起，因为它们都是属于衣服的条目。你可以想象：条目可能属于不止一个类别——例如，你可能想要记住拥有的所有黑色的衣服、珠宝或者鞋子，因为这样它们就

会共同形成一整套装配。

无论对于存储而言，还是对于提取而言，形成这样的联系都是非常重要的。如果思维能够将一个新的概念或词汇与长期记忆中已经存在的某个记忆联系在一起，存储就会变得容易。提取也会更加容易，因为当你寻找那个概念或者词汇的时候，思维可以依据联系来帮助你将其带到意识层面上来。

### 2. 记忆的范畴

根据记忆的种类，长期记忆可以被划分为 3 个基本范畴：程序记忆、情景记忆以及语义记忆。

程序记忆提供了如何做事的信息，例如，骑自行车、刷牙、系鞋带和开车，这都属于程序记忆的范畴。这种类型的记忆是如此根深蒂固，以至于几乎不需要任何有意识的提取或者思考就能够付诸实现，这也正是程序记忆的特色。换句话说，程序记忆是内隐性的。

情景记忆是指那些你能够回忆起曾经历过的事件和情景，伴随着事件本身，周围的环境因素（地点、时间等等）也被存储下来。

语义记忆是通过学习得到的那些基本事实——父亲的生日、词汇的含义、家庭住址、是谁发明了轧棉机等等。情景记忆和语义记忆都是外显记忆，从长期记忆中提取它们，必须通过有意识的思维过程。

# 五、对于遗忘的解释

很多人都会常常抱怨的事情就是遗忘。遗忘是指由于在编码、存储或提取过程中出现了问题，导致不能从记忆中取回信息的现象。遗忘会给人带来巨大的挫败感，尤其是当我们需要记住一些事情的时候，却常常意识到了遗忘——比如在参加一门考试的时候——或者，我们本来应该完成某件事情，

**重要提示**

虽然对于大多数人而言，遗忘是一种自然现象，但如果你受够了遗忘之苦，这里有一些能够帮助你记忆的技巧，比如复习和记忆术。这些技巧将在之后的篇幅中详细解释。

但时间已经过去了——比如在商店关门之前取牛奶。

虽然通常我们不会这么认为，但是遗忘也是一种幸福。比如，你是否真的想要记得 5 年前在车祸中所经受的痛苦？遗忘能够让我们不再集中于过去的痛苦、尴尬、紧张或者不愉快的经历，让我们继续在生活的道路上前进。即使这样，大多数人仍然想要知道人为何会忘记。学者们已经提出了解释遗忘的各种理论。

## 1．置换理论

置换理论主张：新信息进入记忆，替换了已经存在的旧信息。支持这一理论的研究表明，导致误解的信息替换了人们最初的记忆。例如，在一次研究中，研究者向两组人展示同一场车祸的照片。在其中一组里，研究者提出了对答案具有诱导性的问题，使被试者认为他们刚刚看到了一个退让标志，而事实上，图片上出现的是停车标志。在另一组中，研究者没有向被试者提出诱导性问题，因此这组被试者记得自己看到的是停车标志。之后，当两组人被聚集起来时，研究者告诉他们试验背后的真正目的，并让他们猜测是哪组被误导了。第一组中几乎每个人都声明自己确实看到了退让标志，而并非被误导了。这个试验使研究者们得出结论：被灌输的记忆置换了真实的记忆。

## 2．消退理论

消退理论认为，如果没有从长期记忆中偶尔地提取出来，一些记忆就会消退（我们已经知道在感觉记忆和短期记忆中记忆是会消退的）。为何不去利用这些荒废了的空间去存储新的信息呢？幸运的是，消退不会影响所有的记忆。许多程序记忆会在长期记忆中终身保

### 知识点击

记忆的遗失也可能由大脑的损伤造成。如果头上挨了一拳，那么存储在这个特殊区域的记忆就可能丢失。这种记忆的遗失可能是暂时的也可能是永久的，这取决于所受损害的程度。

留。例如，即使你 15 年不骑自行车，一旦重新骑到上面也会仍然记得怎么骑。至于在记忆消退之前，经历多长时间就必须回想一次，没有一个明确的限制，

一些记忆隔天就会忘记，而另一些记忆你要花上几年的时间才会淡忘。

### 3. 线索依存理论

线索依存理论认为，一些记忆的提取依赖于帮助该信息在大脑中定位的线索，如果线索丢失了，我们就不能记得相应的信息。由于思维对信息的组织建立在信息与其他事物的相互关联之上，所以，如果你能够回想起一个关联，就增加了回想起正在寻找的详细信息的可能性。如果你已经忘记了一位同学的姓，那么帮你想起姓的线索可能是她的名，她在班级中坐的位置，她的外号，甚至是你第一次见到她时的场景。没有这些线索，你就不能回想起她的姓。

### 4. 干涉理论

干涉理论所持的观点是：记忆中的信息在存储和提取的过程中对其他信息点造成了干扰，因而引起了我们的遗忘。引入信息可能与已存在的某条信息十分相似，新信息引入之后，再要取回先存储进来的信息，就可能会造成混乱。反之亦然，以前习得的信息也同样会干涉最近习得信息的回忆。比如，最近你遇到了两个名字很相似的人，那么当再次遇到其中一位时就可能将两个名字搞混。虽然这点似乎与置换理论很相似，但其不同之处在于新信息并没有取代旧信息。新、旧两个信息点还都存在，只不过它们变得混乱了。

### 5. 心理性健忘症理论

心理性健忘症理论认为，我们之所以会忘记一些经历是为了逃避那些与痛苦、尴尬或者不快经历相联系的感情。事实上，我们强迫自己的记忆回避了我们的情绪，这样就不必面对它了。然而，这并不意味着那些记忆就再也不会被提取，某些线索还可以引起那些记忆的取回。心理性健忘症理论起源于

> **注 意**
>
> 如果你告诉某人"忘掉它"，可能恰恰帮助他记住了它。当信息仅仅逗留在短期记忆中的时候，很快就会被永久性地丢弃，但引起对该信息的注意力就可能赋予它更大的意义，帮助它进入长期记忆。

弗洛伊德的抑制理论，该理论指出，抑制是一种不自觉行为，为了避免应对那些被认作创伤或威胁的信息，而将其移入无意识层面。因为个体意识不到存储在无意识层面的记忆，所以就不会回想起那些经历以及与之相关联的感情。换句话说，这些经历和感情被封锁在了有意识记忆之外，因此被我们遗忘了。我们很快就会看到，抑制理论已经成为一个专业人士们争相辩论的话题。

# 六、关于抑制理论的辩论

心理学领域的专业人士常常就抑制记忆的正确性展开辩论。20 世纪 80 年代，一些人认为一个人确实能够不自觉地将记忆推入无意识层面，特别当其是一个创伤性记忆的时候，这样，人就不会意识到它的存在。他们相信个体在意识状态的转换中能够提取这些记忆，比如在催眠状态下，人就能够完全回忆起特定时刻的经历或者发生的事件。

20 世纪 90 年代，抑制记忆的理论变成了一个热门话题。当然，可能你听过这样一个案例，一个人在接受精神疗法数年后，回想起遭受性虐待的抑制记忆,而后对施虐者提起诉讼。虽然一些这类的诉讼得到了客观证据的证实，但是很多情况下，不能依靠，至少不能仅仅依靠一个人对抑制记忆的回想就下定论。虽然很多人相信，这些恢复了的虐待记忆，应该被认可并视为准确。

然而，目前的观点认为，抑制记忆是否正确是无从判断的，除非得到外界的认证。当事人永远不会知道哪些记忆恢复的是真实的，哪些又是在催眠状态下被制造出来的，由此造成的损失是相当可观的。依照记忆的工作方式，恢复的记忆不能被认为就是准确的。正如之前所述，记忆能够制造联系，并且在回忆的时候运用各种各样来源的信息填充缝隙。正是因为这样，在暗示的面前，记忆就会变得脆弱无比。因此，如果一个临床医学家采用对性虐待带有诱导性的问题，就很可能使病人"恢复"起被虐待的记忆，而在推理上，我们只能认为这些记忆之前是被抑制了。一些人认为，由于鲜有支持抑制性记忆的客观证据，大众和陪审团应该对抑制记忆的真实性持怀疑态度。你怎么想呢？

# 七、改善记忆的技巧

人的记忆并非总是可靠的，经常出现的情况是，我们似乎总是忘记了那些最需要记住的东西。那么，是不是就完全没有希望了呢？记忆是否完全就是依靠运气的游戏呢？不。你可以采用下面几个策略来帮助保存想要记住的信息，并增加提取它的可能性。或许你已经形成了一套自己的招数，那么就继续使用它。如果还没有或者想要学习更多的技巧，请看下面的内容，看看你是否可以用它来帮助减少遗忘。

## SQ3R 法

为了以后使用而捕捉信息的好方法之一就是将其有效地"抓"进来。对信息的编码方式决定了它在长期记忆中所处的位置。如果信息以一种组织良好且有效率的方式进行编码，那么之后它的提取可能性就会增加。SQ3R法在这方面就是最好的编码策略之一。

> **知识点击**
>
> 弗朗西斯·罗宾逊的SQ3R法发明于第二次世界大战期间，其目的在于帮助接受特别培训计划的军事人员理解他们的学习资料，从而加速完成针对战争必备技能安排的课程。

1941年，心理学家弗朗西斯·罗宾逊提出了一套极巧妙的学习（和记忆）策略。他的策略叫作SQ3R法——调查、问题、阅读、背诵和复习（Survey, Question, Read, Recite and Review）。第一步就是调查你将要阅读的材料，这一过程也叫浏览。完成第一步只要花费几分钟，浏览材料，理解标题、副标题，以及所有表格和图例。这会使你对将要阅读的内容有个大概的了解，并为大脑如何组织做好准备。

下一步是提出在阅读过程中将会得到解答的问题。最简单的方式就是将标题转换成问题，比如"什么是SQ3R？"在提出了一系列问题之后，通读材料并写下所提出问题的答案。为了帮助以后回忆信息，背诵下答案和你在材料中遇到的所有其他要点。为了完成并将信息转移到你的长期记忆当中，在继续背诵重点和你的问题答案的同时，再复习一遍材料。

## 第十一章

# 语言与交流

交流和语言是构成人类心理学研究的必需部分。当今世界存在的人类语言虽然超过 3000 种，既有口头语言也有符号语言，但是所有语言共享了相同的基本要素，在本章中将会分析这些要素。我们还将讨论这一命题：语言是否是人类独一无二的特征？

## 一、语言的语法及词汇

语言学是一门将语言作为声音或者符号、结构及意义的复杂系统进行研究的学科。语法是语言学中一个不可或缺的概念。如果你正在阅读一本英文书，你可能会在某种程度上记起曾学过的英语语法。然而，我们将采用"语法"这个词汇在技术层面上的意义。在语言学中，语法用于描述构成人类语言基础的、人类与生俱来的复杂精神系统。语法由几个部分组成：语音、词法、句法、语意学以及语用学，它们结合起来创造了语言，这些部分我们将在接下来的内容中进行讨论。

语法知识与其他的知识类型有所不同，这是因为在很大程度上它是潜意识层面的。从婴儿时期起，个体便将一门语言作为自己学习的第一语言，这样的语言就称为母语。讲母语的人具有一种直觉：某些语音或者结构的含义在其语言中是否被

**重要提示**

人类的语言具有无限的创造性。我们将语法的几个部分共同运用就能够形成和理解以前从未听过或想过的短语与句子。在接下来的几个部分中，我们将分析语法的各个部分，以及语法是如何与社会的其他方面相互影响的。

接受。可接受的形式是合乎文法的，反之，不可接受的形式就是不合文法的。

为了科学地进行语言的研究，我们必须摒除一些错误的却广泛流行的语言学信条。首先，有些人相信存在没有语法的语言，这一观点是错误的，所有的人类语言都拥有自己的一套语法。第二，许多人认为某种语言或者方言优于其他语言，这是那些担心自己的语言是"不达标准"的方言的人常常持有的论点。事实上，每个人讲的都是方言，"标准"用法通常都是由最有社会影响力的阶层决定的，一种方言对于另一种而言并不存在固有的优势。在不同语言之间，这条规则也同样适用。同时也并不存在绝对的"原始语言"，所有的语言都是被讲该种语言的人全效应用的复杂且具有创造性的系统。最后，一些人担心语言正在退化。事实上，所有的语言都在经历着改变。例如，在读莎士比亚著作的时候，你就会看到在短短几个世纪的时间里英语所发生的巨大变化。

# 二、语音学与音韵学

语音学是语言学中专门探索语言声音的分支。人类能够创造出数不清的声音，语言只使用了全部音域中很小的一部分，这些就成了音素或者音节。语音学又可以分为两个主要分支：发音语音学，研究声音产生的物理机理；听觉语音学，研究在谈话中产生的声波的性质。人类仿佛具有与生俱来的能力，使自己能够控制气流，在声音中间形成停顿，从而形成音节。

## 1. 声音的产生

声音的产生是若干生理过程共同作用的结果。肺部排出空气的同时，某些肌肉协同工作，尤其是横膈膜和肋间肌，从而得到并维持了发出语音所需要的正确气压。气流沿着气管上升并经过喉部，喉部具有我们称为声带的肌肉层，声带间的空间就是声门。

声带的相对敞开度对于各种声音的清晰度而言十分重要。当声带敞开时，气息不引起声带的振动就能够通过，这样便会发出清音节。将手指放在咽喉上，然后发"t"这个音，你应该感觉不到任何振动。然而，如果声带处于比较紧闭的位置，气息通过的时候就会引起它的振动，这样便产生了浊音节。现在，将手指再次放在咽喉上，并发"d"这个音。你应该感到了声带的振动。其他可能的声门状态是耳语或者低语，这时，气息通过声门之后，还必须通过气管以及口腔或鼻腔。

## 2. 元音与辅音

声音可以划分为很多种。你最熟悉的声音类别可能就是辅音和元音。辅音是气流在声道中受到阻碍而产生的声音，元音是声道中相对自由的气息产生的声音。

清晰度的控制方式在于对气流的限制。一些音节属于鼻音，比如，在英语中"m"和"n"发出的声音就是鼻音，在发出具有这种清晰度的声音时，气流被封锁在口腔之外，而发出"b"和"s"则使气流通过口腔。辅音依据其清晰度不同又可分为几个类别：闭塞音包含气流的完全限制，像在"t"和"b"中；摩擦音具有持续的气流，比如"s"和"z"；塞擦音由闭塞音伴随着摩擦音而生成，例如在judge一词中"dg"发出的"ch"音；流音是像"l"和"r"那样的音节。

另一方面，元音也可以在发音过程中通过舌头的运动以及嘴唇的形状来进行区分。例如，讲he和his两个词，你能否判断舌头的移动和唇形的形成？这些词汇是英语中高前元音的例子。现在再讲who和put两个词，你的舌头处在什么位置？你的嘴唇又是怎样的形状呢？这些是英语中的高后元音。这些区分涉及舌头在口腔中的位置。元音通过高度——"高、中或低"，以及前后——"前、后或中"得到表达。对我们而言，这似乎是轻而易举的事情，但事实上，语言是一种声音和意义的复杂结构体！

> **注　意**
>
> 元音和辅音并不是声音仅有的分类方法。有一种声音称为滑音，有时候类似于辅音，有时候又类似于元音。滑音的例子比如"yes"中的y，或者"want"中的w。

## 3. 语音学

语音学研究的是语言的声音类型，每种语言都从所有可能的声音中选择出属于自己的一系列声音。语法中的语音学元素决定了特定语言的可能类型。如果你的母语是英语，对于 ftornik 和 klants 这两个单词，你会知道第一个单词是不可能出现在英语中的，但第二个单词是可能的，虽然它们都不是英语中真正存在的单词。语音学分析音素、音节、语调等语言单位，被应用于语言教学、语音合成／识别技术、言语病理治疗及司法语音鉴定等领域。

# 三、词法

词法是语言学中研究词汇构成和结构的分支。词汇在语言研究中是十分重要的，它作为最小的声音和意义单位行使着自己的功能，为洞察语言本身的结构做好了准备。比方说，对于一个讲英语的人而言，dog 的意思是"狗"。但是，对于一个讲俄语的人而言，sobaka 具有这样的意思，同时对于一个讲法语的人，这个单词应该是 chien。

> **知识点击**
>
> 词汇构成的另一个方法是拟声法。拟声法描绘的是讲某种语言的人通过模仿事物或行为的声音来创造词汇的过程。英语中，像 buzz（嗡嗡）、woof（汪汪）和 meow（喵喵）都是拟声词。

## 1. 词素

词汇由词素组成。词素是语言中可划分的最小单位，具有系统的声音－意义对应规则。在英语中，词汇可以由单独一个词素组成，比如 dog。dog 这个单词不能再进一步地分割，并且具有它自己的意义。然而，词汇也可以由几个词素组成，以单词 undoable（不能做的）为例。这个单词由三个词素组成：un（不）、do（做）以及 able（可以的）。

依照在词汇中的不同作用，词素又可以进行进一步的分类。在前面的例子中，词素 do 是词根，这意味着它表达了词汇的核心意思。另外的两个词素，un 和 able 是词缀，也就是说它们是加到词根上的部分。进一步区分，un 是前缀，因为它出现在词根之前，able 是后缀，因为它跟在词根之后。词缀以一定的顺次加到词根之上，并给它提供了特定意思。它们可以加到由词根和任何在先的词缀组成的部分上，从而构成新的词汇。词缀依附于词素，因为它们不能单独存在。可以单独存在的词素称为自由词素。

## 2. 派生以及词尾变化

派生和词尾变化是两种重要的语形学过程。在派生中，词汇由另一个词汇加上词缀构成，新词汇具有与其原始词汇不同的词性（比如名词、动词、形容词等等）。例如英语中，在动词后加上后缀 −able 就构成了一个形容词：read( 阅读 ) → readable( 可阅读的 )。在形容词后加上后缀 −ness 就构成了一个名词：ugly( 丑陋的 ) → uglyness( 丑陋 )。但是词尾变化并不改变词汇的词性，只是加上了合乎语法的信息。英语中，单复数的区别就是通过加 s 来标记的：book([ 一本 ] 书 ) → books([ 几本 ] 书 )。

## 3. 非串联形式的词素

至今为止，我们只看到了串联形式的词素例子——也就是说，尾至尾的词形，其中，词素以线形的顺序连接上去。然而，实际中有很多非串联形式词形的例子。比方说，阿拉伯语中，词根 ktb 的意思是"要写"。元音及其置换行使词素的功能：katab 的意思是"写"，uktab 的意思是"正在写"。英语中非串联形式词形的一个例子是通过元音改变，实现词汇语法功能的改变：tooth([ 一颗 ] 牙 ) → teeth([ 几颗 ] 牙 )，以及 goose([ 一只 ] 鹅 ) → geese([ 几只 ] 鹅 )。

# 四、句法

句法是研究短语及句子的结构和组成的学科。在语言学研究领域，对于句法存在着几个相互竞争的理论。句法是语言学中一个非常复杂且比较具有争议的分支。在这一部分，我们将会简要地了解一下句法以及这一领域中的重要概念，而不对每种方法进行深入讨论。

## 1. 建立短语和句子

词汇构成了短语和句子。它们分别属于众所周知的几个种类（词性），比如名词、动词、形容词、副词以及介词。当然，还有一些种类不是广为人知的，比如冠词、程度词、修饰词、助词以及连接词。冠词是像 the 和 a 一样的词；程度词是像 too 一样的词；修饰词包括像 always 一样的词；助动词是像 can 或 will 一样的词；连接词包括像 and 和 but 一样的词。

**重要提示**

很多人在尝试学习一种新语言的时候，总是有将母语的结构应用到新语言中的倾向。然而，不同语言在句子成分的顺序和结构上都存有差别。所以，在学习一种新的语言的时候，你必须先思考句子结构的方式，以便适应于新的语言。

词汇结合起来构成了句子和短语。例如，让我们来看下面的这个句子：Harry talked to the doctor on Monday（哈里在星期一和医生进行了交谈）。短语结构规则描述了句子构成的方式。分析这句英语的短语结构规则，你将会得到：

* 句子→名词加动词短语（"Harry"加"talked to the doctor on Monday"）；

* 名词短语→冠词加名词（"the"加"doctor"）；

* 动词短语→动词加介词短语（"talked"加"to the doctor"）；

* 介词短语→介词加名词短语（"to"加"the doctor"）。

## 2. 表面与深层结构

即使我们遵循了短语结构规则，也不能保证传达一个清晰的意思。在句法中，存在着句子的表面结构（意味着讲出句子的方式）和句子深层结构（意味着理解句子的方式）的区别。例如，前面的例句"哈里在星期一和医生进行了交谈"。无论表面结构还是深层结构都表达了一个清楚的意思。但是，请思考这个句子，"Sally hit the man with the bat"。这句话的意思是"萨利打了那个拿着棒球棒的人"，还是"萨利用棒球棒打了那个人"呢？这个句子具有一个表面结构，但是有两个深层结构。当我们听到句子的同时，我们开始运用我们的句法知识在心里处理句子。你初读这句话时，会理解成哪个意思呢？你根据自己的句法知识得出了某个意思，就不会考虑到另一个意思的存在，除非别人向你提及。

# 五、语义学以及语用论

语言不仅仅是存在于精神空间中的一个抽象系统。语言是语义的载体，并且被说话者和听者的思想及各种因素比如社会背景深深地影响着。

语义学是语言学中研究语言中蕴含的意义的分支。语义学的研究是一个复杂和高级的领域，包含了数学、语言学、逻辑以及哲学等各学科的原理。语义是个复杂的思想，从古希腊到今天，语义都是一个引发科学家和哲学家辩论的题目。然而，我们将视线限制在词汇、短语和句子上，并将"语义"定义为这些单位的内容。

## 1. 语义学关系

在词汇水平上，存在着几个你可能已经比较熟悉的语义学关系。同义是其中一种。同义词是指那些具有几乎相同意思的词汇，它们通常可以交换使用。例如，对于讲英语的人而言，friendly 和 amicable（两词都表示"友好的"），或者 couch 和 sofa（两词都表示"沙发"）表达差不多相同的意义。另一方面，反义词是指那些意思彼此相对的词。英语中的反义词比如 dirty（肮脏的）和 clean（清洁的），以及 tall（高的）和 short（矮的）。

一些词汇在词意上是不明确的——换句话说，在不同语境下，它们具有一个以上的可能含义。同音异义是指一个词汇具有一个以上的意思，会造成词义的模糊。比方说，

> **知识点击**
>
> 在句子和短语之间也存在着语义关系，其中一种就是解释关系，这是表达意义的再陈述。例如，"这艘船被海盗击沉了"，这句话也可以解释为"海盗击沉了这艘船"。虽然这两个句子的意思几乎完全相同，但是彼此之间还是有着一些小的不同之处。

rock 至少具有两个截然不同的意思。"rock"在作名词的时候意思是石头，当"rock"作动词时的意思是摇摆或者前后运动。意义分歧也会导致词义模糊，意义分歧词至少具有两种相关的意思。比如 smart 既可以表示"智力上出众的"，如在句子"Mary is smart（玛莉很聪明）"中；也可以表示"整洁或穿着得体的"，如在句子"Mary looked smart（玛莉穿着很得体）"中。

暗喻是很多词汇和表达的来源，是一个表达解释另一个表达的应用。暗喻不仅是一种文学手段，它在我们生活的每个方面都有着普遍的使用，并且被我们的言语所影响。例如，我们用颜色来形容心情："我感到很蓝色（忧郁）"。

## 2. 真实条件

判断句间关系的一个方法就是观察每个句子的真实条件，或者是句子表述情况时的环境。句子一真实，句子二也是真实的，当满足上述条件时，我们就说句子一蕴含句子二。举个例子，请看下面的两个句子：

句一：亚历克斯的妻子叫克里斯汀。

句二：亚历克斯已经结婚了。

在这个例子中，句一限定了句二。注意：句二并没有限定句一。因为可能存在这种情况：亚历克斯已经结婚了，但他的妻子叫辛迪。

蕴含的反面是否定。当句一真实时，句二是错误的。考虑下面的句子：

句一：艾丽斯被埋葬在康涅狄格。

句二：艾丽斯生活在内布拉斯加州。

只要句一中的和句二中的艾丽斯是同一个艾丽斯，那么如果句一是真实的，句二就不可能是真实的。

## 3. 语用论

除了诸如说话者和听者的信仰、态度以及背景等因素之外，谈话的上下文和场景也影响着我们对句义的理解。语用论研究的就是这些其他因素以及它们对语义的作用。

说明环境重要性的一个例子就是使用指示词，完全准确地理解指示词的含义需要结合上下文给出的信息。以句子"这盘是花生。那盘不是。"为例，在这两个句子中,"这"和"那"是指示词。为了恰当理解这两个句子,听者必须知道盘子摆放的位置。

## 4. 语篇

语篇是指围绕言语行为的所有言论的集合。当进行言语行为时,讲话者假定了对方已经知道的信息(老信息)有多少,以及不知道的信息(新信息)有多少。例如:

玛莉正带他去展览会。

玛莉正带乔治去展览会。

第一句话中代词"他"的使用表明这位讲话者的谈话对象是知道"他"代表了谁的,这是老信息。在第二句话中,"乔治"替代了"他",因此,玛莉正带去展览会的人的身份是新信息。

## 5. 合作原则

为了能够融入并且理解一段对话,人们必须持有一些假设。他们必须假设正与自己交谈的人是在真正传达某种意思,而并非只是随意乱讲话。哲学家格莱斯建立的合作原则假设,是指人们总是尝试着对一番对话有所贡献。格莱斯还发展了一整套准则进一步解释合作原则:

· **关系准则**:有关的。

· **质量准则**:所说内容为真实的。

· **数量准则**:只要必要就会提供并且仅提供有价值的信息。

· **礼貌原则**:清晰并有序。

这些准则不是在谈话时所遵守的规定,而只是人们持有的假设。在真实的谈话中,人们常常会无视这些准则以传达某种意思。为了识别出这一方式,就必须识别正在被轻视的准则是什么。例如:

A:这个周末你要去佛罗里达吗?

B:我必须工作。

句子中的 B 无视了关系准则,因而他的回答与 A 的问题没有直接相关。但他假设他的交谈对象遵从合作原则,并会因此理解他的本意:周末他不能去佛罗里达。

# 六、手势及其他非语言交流

人类的交流系统不仅仅局限于语言。非语言交流是人类相互影响的一个重要部分，它是如此的自然以至于在人们在谈论交流时常常会将其忽略。面部表情和手势是非语言交流中比较明显的两种方式，但是姿势以及视觉接触，甚至对空间的利用也常常被用于传递信息。

非语言交流为我们每天的交流增加了一道特别的风景，这是任何其他方式都不能匹敌的。想想看面部表情。如果你要走近某个人，她开心地微笑着跟你打招呼，你会明白这个信号表示：她很高兴见到你。但是，如果你走近一个人时，他虽然也跟你打招呼，但脸上是一副失望或者厌烦的表情，你就会知道这表示：你不是一个他很高兴见到的人，甚至他根本不是心甘情愿地与你打招呼。

我们每天都会使用非语言交流。点头是向另一个人传达我们理解或者答案是"是的"的含义；让别人拥有其个人空间，这传达了我们不是威胁者的含义；与谈话者交换眼神，这表示我们正在聆听他所诉说的内容；挥手表示打招呼或者再见。这样的例子不胜枚举。留心观察一天之内使用到的非语言交流和手势，你就会很快明白这对于人类交流和传达信息有多么重要。

## 注 意

你可能认为自己使用的姿势是普遍通用的，但事实上，很多姿势并非如此，因此在外国使用姿势语言的时候要特别小心。例如，美国前总统乔治·布什曾经在英国做出他认为表示和平信号的手势，但是这个手势在英国却带有淫秽含义。

# 七、其他动物能够学习人类的语言吗

对这个问题最简短的回答是"不",动物不能学习人类的语言。为了回答这一问题,我们首先必须区分人类语言和其他形式的交流。语言是一个富有创造性和无限性的系统。虽然其他很多动物都拥有复杂的交流系统。比如,蜜蜂可以交流关于食物的信息:食物在哪里,有多远,以及食物的数量等。一些种类的鸟和猴子也具有复杂的信号系统。但这些交流方式不同于语言,因为它们具有很大的局限性。人类可以谈论过去、未来以及虚构的事件,可以发表他们从来没有见或听过的语句,而且拥有运用语言改变他人想法或思想的能力。

有很多人曾经努力教授动物学习语言。"学生"通常都是灵长类动物,它们是人类最近的亲戚。其中一名学生,是一只叫作尼姆的黑猩猩,它由著名的语言学家诺姆·乔姆斯基训练。虽然尼姆与其他"学生"相比已经相当成功了,但是它的语言能力甚至无法达到与 4 岁小孩相当的水平。尼姆不能掌握句法,而且词汇量非常小。很多科学家将这类培训理论化为灵长类动物并不能真正地掌握符号语言,它们只是在学习其人类训练师所作出的行为反应。语言是人类独一无二的能力,这并不是对其他动物诋毁——每一物种都有其自己的交流系统。

## 第十二章

# 思考、认知以及解决问题

现在，我们已经知道了信息是怎样进入大脑并被储存的，在这些步骤之后，我们又如何在日常生活中运用这些信息呢？本章将会探究思维的内部工作，同时关注思维中知识单元间的相互联系、我们的推理能力以及人类是如何解决问题的。

# 一、认知的观点

如前所述，认知心理学集中于精神过程的研究。换句话说，它研究的是人们如何思考、推理、解决问题，理解语言，记忆，建立信念等等——所有在你头脑中加工着的各种事物。认知过程（例如思考、推理、记忆等等）使你能够了解环境本身，环境如何影响人类以及人类如何反作用于环境。

## 1. 对思想的研究

我们已经知道人类怎样学习、记忆所学得的知识，以及这些信息储存在何处。现在，将世界看作一个人类一直努力解释的谜题，我们将要看到人类如何在思维中运用这些信息来解释和理解周围的世界。

同时，我们的思维也是认知心理学家们一直努力解释的谜题。然而，研究思想不是一件容易的事情。思想

### 知识点击

学者们研究思想的最初方式之一就是借助内省。在内省过程中，被试者写下他们所体验到的思想、图像以及感情。心理学家为了判定人类的精神过程而努力研究这些内容。然而，人类太复杂，并不是所有的人都具有相同的思想和想法，因此内省法是不起作用的。

并不是看得见摸得着的有形事物，它不能触摸，不能感觉，也不能检测。即使你切开一个人的头颅来检测大脑，还是仍然不能研究他的思想。

于是，研究者们建立了各种可以用来解释思维内部工作的模型，其中最为流行的就是信息－过程模型。这个模型是一种假定的表述，与计算机的工作原理有一定程度的相似性。在此模型中，思想过程可以被分解为不同成分或者知识单元，它们就像装配线一样协同工作并处理着各种信息。

## 2. 概况

我们马上就会看到那些一起工作以创造思想的知识单元，不过现在先来看看概况。首先，印象通过你的感官进入大脑。例如，你正在观看一档电视烹饪节目，一份巧克力甜点吸引了你的视线。之后大脑处理加工这一印象并对其付诸意义和理解：你喜爱巧克力，这份甜点看起来十分美味，当然是你会喜欢的食物。接下来，大脑开始运行可能的反应：你努力回想自己是否已经具备所有需要的材料，并努力弄明白厨师是怎样制作这份甜点的。最终，你实行了一种反应并且分析其结果——跑到厨房，找出原料，然后尝试制作这种甜点。这些可能听起来十分简单，但是大脑正在处理着若干知识点，只有它们协力合作才能完成这一思想过程。现在，让我们来看看那些知识单元吧。

# 二、知识单元

如前所述，思想过程中包含着很多知识单元，它们构成了那些协力合作、处理信息以及创造思想的成分。知识单元有 3 种基本类型：概念、原型以及试验图示。

## 1. 概念

第一种知识单元是概念。这是由具有相似特征或性质的项目共同组成的一种基本类型。概念就像是打造思想基础的积木，可以代表事物、抽象理论、关系或者活动。例如，狗是一个概念，爱、锻炼、婚姻以及天气也是。每一种概念都有定义它的一系列特征。例如，狗具有这样一些特征：吠叫、尾巴、毛皮以及四条腿。德国牧羊犬、狮子狗、吉娃娃、獒和罗特韦尔犬都是狗这一概念中的实例。

## 2. 原型

将概念的思想进一步深化，我们就得到了原型。原型是一个概念中基本的且最可认知的实例，因此，原型是概念的代表。当你正在努力判断应该将一个印象分到哪个种类中时，思维就会将那个印象与某一概念的原型进行比较。如果该印象具有与原型相似的特征，它就变成了对应概念的一个实例。例如，你对椅子概念的原型很可能是一种用来坐的家具：有四条腿、垂直的靠背、方形或圆形的座位。当你第一次看到小孩吃饭时用的高脚椅子时，大脑就会处理这一印象，将其与椅子的原型进行比较。一旦认定了高脚椅具有类似于原型的特征，它就被归为椅子概念中的一个实例了。

### 注意

这并非意味着所有的实例都必须具有完全相同的特征。例如，并不是所有的狗都会吠叫，也并不是所有的鸟都会飞翔，但那些不吠叫的狗仍然是"狗"这一概念中的实例，同样，那些不飞翔的鸟也仍然是"鸟"这个概念中的实例。一个概念中的所有实例都会共享其"家族的相似之处"。

## 3. 试验图示

概念是积木，因此我们的大脑利用概念来构建思想。概念被放在一起就构成了命题，它包含多个表达独立思想的意义单元。比如一个句子就是一个命题，任何句子都如此。相关的命题被联系在一起，形成了一张构成试验图示的知识和信息网络。试验图示是我们期盼从具体情况中得到的基本精神模型。通过我们的经历和概念，这些试验图示被建造起来，它们使人在遇到环境中的思想、信仰、情形或者人时有所期盼。从公园中的漫步到一个民族的宗教信仰，我们可以创造关于任何事物的试验图示。

# 三、形式推理

将人类从动物中分离出来的主要条件之一就是我们的推理能力。推理是利用信息（比如事实、假设或者观察）得出结论的过程。推理可以分为两部分：前提和结论。前提是指那些对信息或者观察的陈述（我们之前讨论过的命题），利用这些陈述可以得到答案。基本上，结论是指从前提出发得到的答案或者观点。在形式推理问题中，前提是特殊化的，典型的形式推理只有一个正确的结论。

结论正确与否，取决于结论是否按照逻辑的方式建立在前提的真实性基础之上。例如，下面的两个陈述都是前提：所有的四边形都有4条边；一个正方形有4条边。从这两个陈述中得到的结论是：正方形属于四边形。现在我们已经知道了推理的组成，下面来看看形式推理的两个主要类型：演绎推理和归纳推理。

## 1. 演绎推理

演绎推理运用的前提必定跟随着一个真实的结论。例如，思考前面的四边形和正方形的例子，这两个前提都是基于事实的概括。因此，你可以通过演绎推理判断上面陈述的结论是否也是符合事实的。

然而，必须以合适的顺序给出前提才能起作用。使用相同的例子，交换两个前提的顺序：所有的正方形都有4条边；一个四边形有4条边。之后你会得到以下的结论：四边形属于正方形。即使两个前提都是事实，这一结论也是错误的，因为"四边形"的范畴大于正方形，它必须在第一个前提中给出。

**重要提示**

你或许没有意识到，但你已经在很频繁地使用着演绎推理了，虽然这常常是不明显的——"每周一我必须在8:30开始工作。今天是周一。因此，今天我必须在8:30开始工作。"为了使你更好地理解这个概念，请努力思考在日常生活中用到演绎推理的例子。

### 2. 归纳推理

归纳推理运用前提，预言一个可能真实的结果或者结论，虽然存在着结论不成立的可能性。例如：你可以利用以下前提——大部分美国人不讲俄语，劳拉是一个美国人，然后得出"劳拉不讲俄语"的结论。然而，这仍旧只是个可能，因为她也许在学校或从某个亲戚那里学习了俄语。或者你可以在观察中识别一个形式，然后运用它得出一个结论。例如，你注意到汤姆周一、周二、周三上班都迟到了，因此你得出结论：汤姆在周四还会迟到。同样的，这也只是种可能，并没有得到证实。

# 四、非形式推理

非形式推理比形式推理更为微妙，因为通常情况下，非形式推理没有一个明确的正确答案，并且通常不提供所有的前提。非形式推理问题的典型例子是那些具有争议的生命问题，比如堕胎或者死刑。你可能坚定地信仰着令自己得出结论的那些前提，并且感觉自己的结论就是唯一的结论。但是争论的另一方对他们的前提和结论也有着同样的感受。在这样的情形下，一个问题常常存在着几个可能的答案。那么推理是如何应用在这些问题上的呢？

> **知识点击**
>
> 运算法则是用于保证问题获得一种解答的按部就班的程序。虽然运算法则在解决形式推理问题时非常有效，比如数学等式，但它们并不能被应用于非形式推理问题，因为这些问题的关键在于它们的代表性特征就是"不能产生一个确保正确的解答"。

### 1. 辩证推理

非形式推理问题通常要求辩证推理。辩证推理是在比较和评价的过程中解决持相反观点的问题。如果问题不能被解决，辩证推理就被用来寻找最佳的可能解决方案。因为争论的主题常常是由个人感情或经历激起的，所以实施辩证推理是非常困难的。例如，在死刑的案例中，你很可能非常容易地列出支持自己立场的论点，但是当你努力列出支持反方立场的论点时，就会有失客观。

对于这样的问题，似乎即使运用了辩证推理也永远不能得到解决，但是仍然有另外几种非形式推理问题可以从辩证推理的运用中有所获益。以陪审团为例，这是一个非形式推理问题，因为并非总是提供所有前提，并且没有获得正确解答的保证。陪审团必须运用辩证推理，他们一边比较、对比和衡量双方的辩护观点，一边使用逻辑和证据，从而达成一个最佳的可能解答。当然，裁决并不总是被保证正确的，但在极大程度上，辩证推理确实帮助陪审团得出了一个有罪或无罪的结论。

### 2. 启发式推理

当然，并不是所有的非形式推理都会成为辩论，或者像法庭判决一样的沉重。在每天的生活中，我们都会遇到大量的其他非形式推理问题。当时间不允许运用辩证推理时，大多数人都会诉诸启发式推理。启发式推理基本上是一种拇指规则，指导你的行为朝着产生最佳可能解答的方向前进，但这并不意味着最佳可能解答必定会达成。启发式推理只是指导方针，不能保证结果。

例如，那些下国际象棋的人都懂得这样一条好的拇指规则，那就是建立好的防守来保护自己的王。当你采取行动利用这一策略时，就是在应用启发式推理。再说明一次，你不能从使用启发式推理中得到赢得比赛的保证，但是它肯定增加了你赢的概率！或许你可能怀疑过一个对自己十分重要的人，虽然不能掌握所有奏效的前提，你还是可以利用启发式推理来帮助自己解开谜团：相信一个人的话不如相信他的行为。你还能想到经常用于找到非形式推理问题答案的其他启发式推理方式吗？

# 五、问题解决中的策略

解决问题在学习中必不可少。从很小的时候，我们就开始解决问题了。诚然，与现在作为成年人的我们所面对的问题（如何付账单）相比，那些问题（怎样得到一个玩具）已经显得微不足道，但在那时，它们的确看起来很不简单。问题总归还是问题，不管它重不重要，严不严重，它们都有一个共同的目标：找到一个解答。那么，我们如何完成这一目标呢？通过使用问题－解决策略。事实上，存在着数不胜数的问题－解决策略，但我们只关注其中一些最常使用的。

## 1. 试验和错误

孩提时代，我们使用的最普遍的问题－解决策略可能就是"试验和错误"了。例如，我们讨论一个孩子遇到的问题：如何取回母亲已经放到架子上的一个玩具。孩子会努力伸长他的胳膊去抓玩具，结果并不奏效。接下来，他努力爬上架子去抓玩具，不但没有爬上去还摔了下来，这也不起作用。当孩子不能凭借自己的力量拿到玩具时，他就会向母亲索要玩具。母亲说"不"，那也行不通。没被吓住的孩子以哭泣来要求得到玩具。母亲不理睬，还是不奏效。最后，孩子完全发怒了，连同着尖叫、踢蹬和眼泪。看到被激怒的孩子，母亲只好用玩具来安抚他。对了——发怒起效了。你觉得下次遇到相同问题的时候，孩子会怎么做呢？

**注 意**

不是每个问题－解决策略都能有效地应用于每个问题。你需要判断正在解决的问题属于什么类型，并找出最佳的策略来使用。例如，你正在努力解决如何付账单的问题，那么"试验和错误"就不是最佳的方式，下面提到的其他策略在这种情况下或许会更加奏效。

拼图是通过"试验和错误"解决问题的最好例证。市场上有几种拼图游戏来帮助孩子们学习，帮助他们通过"试验和错误"的方式来进行学习。孩子尝试着将一块拼图放进某个位置。如果行不通，他要么继续用那块图片直到找到其合适的位置，要么换一块图片来适应正在努力填满的那个位置。

## 2. 大脑风暴

"大脑风暴"是尽可能找出更多解答的问题－解决策略，通常会在一定时间内完成。写下出现在脑子中的每一点想法，不管它看起来是多么可笑和不切实际，你要做的就是让思维驰骋。在使用这一技巧时，你常常能够提出一些非常具有创造性和想象力的想法。虽然不是所有的解答都能够被采用，但也会提出一些能够奏效的答案。当你已经创造出一张清单时，大脑风暴会议就结束了，然后对每一个想法进行研究，要么丢弃，要

**重要提示**

当下一次在工作中遇到一个重大问题，而你又不能提出一种解决方案时，不妨召集一些同事并提议一个大脑风暴会议。当你能够开发不止一人的思维时，大脑风暴会更加有效。

么放在一旁以备进一步考察。通过筛选列表中的内容，你就能够将自己的注意力集中在那些最可行的想法上。

## 3. 按部就班地执行

最广为人知的，至少是被最广泛学习的问题－解决策略可能是艾伦·纽厄尔和赫伯特·西蒙在1972年提出的问题－解决策略。这一策略将问题分解为若干步骤，只要按照步骤进行，你就会得到一个解答。他们对每一步骤都进行了深入的研究，在此我们只对各个步骤的基本原理略作介绍。

第一步是识别问题，你必须承认在能够开始解决之前，问题是存在的。第二步是建立问题的陈述，像首次引进问题一样，对问题和问题的目的进行表述，通过表述将问题定义。第三步是创建一个可能策略的清单，并对每一个策略进行评价。第四步是从那些可能中选择最佳策略，并付诸应用。最后一步是思考那个策略的效果——换句话说，看它是否有效。

## 第十三章

# 人格和人格测试

儿童通常比一些成年人更具有自己的个性。电视和录像带中的人物性格很像我们熟悉的朋友。一些特殊机构许诺为你找到真爱，其实是在寻找你人格类型的最佳匹配。人格在我们的生活中扮演着极其重要的角色，并且就围绕在我们的周围。本章将解释人格为何能够影响我们所做的决定，而且定义了我们是谁，以及这种影响是怎样发生的。

# 一、人格是什么

在日常生活中，我们可以通过我们的行为、思想和情绪来测量人类如何感知周围的环境并对其产生反作用。你是"个体"，因为这些特征独一无二的组合为"你是谁"提供了根本的基础,这也构成了朋友和家人所喜欢（或讨厌）的你的人格。

## 1. 特征

特征将我们彼此分开，但也将我们集合到一起，因为每个人都在生活的集体中添加了独特的差异。换句话说，每个人都是他自己的那片雪花，而且没有两片是相同的。最好的朋友具有那些你所认同的品质，你或许欣赏或许不欣赏。正是这些特征构成的独一无二的结合，以及你对它们的接受态度，使你和朋友的关系成了一种积极的关系。

## 2. 行为类型

行为是指在人格基础上，我们对所处环境的社会和自然因素做出的反作用。但是，有人从来不会表现出生气、喜悦、悲伤或焦虑的情绪；而另一个人却非常喜形于色，他的情绪会通过面部表情、声音变化和手势等表现得淋漓尽致。行为通过两种方法得到检测：内部控制和外部控制。内部控制理论家相信：一个人的个体特征限定了他的行为类型；然而，外部控制理论家的观点则是：行为是当前情形的结果。

### 3. 公众人格和私人人格

外部世界如何感知你，是你如何向外界展现自己的直接反应和反作用。种族、年龄和性别是不能控制的品质，但它们必定也在一定程度上影响了你的人格，因为外部世界如何感知你是建立在这些特征之上的。一个不断受到种族歧视的人就会形成一种自我防卫，那就是让别人第一眼看到自己时感到冷酷和不友好。然而一旦他敞开了心扉，你就会发现其内心有一个完全不同的世界。

**重要提示**

很多人都具有多面性——依据遇到不同的人，我们表现出不同的人格。例如，我们向老板展示的人格很可能与我们向最亲近的朋友展示的人格非常不同。

那些长期以来形成的身体特征也会影响你的人格，这些特征包括举止（讲话轻声细语的人会给人"害羞"的印象，而讲话大声的人让人觉得"不受欢迎"）、步态（有意识地大步走、轻快地漫步等等）、眼神接触以及面部表情。希望外部世界怎样看待自己，影响着你如何向他人展现自己。特征创造了你所特有的人格表现，比如态度（友好的、外向的、冷淡的、内向的等等）、反应（礼貌的、有思想的、粗鲁的、傲慢的等等）和通常的情绪（快乐的还是忧郁的）。

再深一步挖掘，你所表现的私人方面：梦太虚幻了无法讨论；经历过多地被感情控制也不能展现；幻想对别人来说太幼稚了；你追求的目标、标准和道德；每天的内心对话、思想和想法——所有这些元素构成了只有你才真正了解的"你（自己）"。也只有你，能够决定何时与他人分享这些私人人格。例如，平时的你外向、有勇气、聪明并拥有一副可爱的嗓音，但当登上演讲台、在 20 个人面前进行一次演讲的时候，你突然变得紧张、恐惧甚至一时失语。

# 二、遗传、环境与人格

　　虽然出生的时刻以及生物因素对于行为的影响似乎不是那么重要，但现今的研究表明这些因素比人们以前想象的更加关键。例如，活泼的婴儿的常常会四下观察房间和房间里的人，而比较安静的婴儿则倾向于将平稳的视线固定在一个方向，集中精力于一个单独的活动。诚然，随着这些婴儿成长，他们长大成人时的人格可能与其出生时完全相反，但是研究显示，这些特征常常能够很好地预言孩子会长成一个怎样的人。除了生物学因素，普通和独特的生活经历也会帮助塑造你的人格。

## 1. 生物学因素

　　基因影响着人格的形成，但确定这种影响的程度是一项相当艰巨的工程。然而，在对异卵双生和同卵双生双胞胎的研究中，我们能够对这一谜题略有领悟。在一系列测试之后，研究表明同卵双生的成年双胞胎比异卵双生的成年双胞胎更加可能以相同的方式回答问题。在进一步的研究中我们发现，被分开过很长时间的同卵双生双胞胎与没被分开过的同卵双生双胞胎比较，他们还是会表现出相同水平的人格特征。体型的相似性也被研究，因为它能帮助理解为何被分开的双胞胎仍然在如此多的方面有着令人震惊的相似。

**心理学大考场**

**同卵双生和异卵双生双胞胎之间有什么不同？**

　　同卵双生双胞胎是在一个卵子被一个精子受精的时候产生的（孩子共享相同的基因构成）。异卵双生双胞胎是在两个卵子分别被不同的精子受精的时候产生的（孩子共享大约一半的基因）。

## 2. 生理学差异

单胺氧化酶（MAO）是一种在神经系统中发挥作用的酶，它能够分解情绪和激发行为中的关键因素——神经传递素。这是一个需要关注的重要元素，人体中单胺氧化酶的水平因年龄和性激素水平的不同而不同。另一方面，单胺氧化酶是一种遗传的生理学特征，因此爱好冒险的父母就会将这一特征遗传给他们的子女，与那些根本不喜欢冒险的父母亲相比，他们更有可能生出像自己一样爱好冒险的子女。

## 3. 共享抗孤独经历

我们所处的环境以及在环境中建立和共享的公共信仰系统是我们人格发展中的主要影响因素。文化、宗教、教育、习俗以及家庭传统，尤其是我们的性别，这些都与我们做出怎样的行为不无关系。成年人怎样遵循社会的普遍标准呢？举几个例子：在工商界，你不能穿着牛仔裤和T恤衫出席一个经理主管人参加的董事会议，穿着职业套装或者短上衣和裙子则是被允许的。做礼拜、祷告是一项非常神圣、严肃的活动，所以你绝不会穿着比基尼、莎笼（译者注：莎笼是一种用一定长度的颜色鲜艳的布做成的缠在腰部的男女服装，主要流行于马来西亚、印度尼西亚和太平洋岛屿）和凉鞋走进教堂。野餐、吃烤肉是年轻人喜爱的快乐活动，但是，你会穿着晚礼服去参加吗？

**注意**

虽然女运动员和男护士已经不是什么罕见的职业了，但社会仍然对于男性和女性应该做什么，他们应该怎样处理事务以及应该承担什么责任都有着十分清晰的定义。

生物学因素和社会因素并不是影响人格形成的全部因素。人们的个人经历，尤其是个人天性，使他们在我们的生活中留下了深刻印象。如果房子中最后一罐蜂蜜只剩了一滴，小熊维尼会将这看作是一个积极的经历，因为还剩了一滴蜂蜜；但是小猪就会感到焦虑，因为他怕蜂蜜会引来蜜蜂；而小驴依唷会想他们这次死定了，因为食物被消耗得就剩下一滴蜂蜜了。相同的情形下3

个"人物"的想法怎么会如此不同呢？

过去的经历影响着人们的态度并支配着他们对外界作出的反应。维尼小熊意识到森林里会有更多的蜂蜜，小猪想起上次被蜜蜂蜇时有多么疼，而小驴依哮想森林中不会剩下一点儿蜂蜜，因为他习惯了永远得不到他想要的东西，当然在他们找到蜂蜜之前蜂蜜肯定已经被吃光了！这一剧情说明了普通和独特的经历、外部影响以及遗传特征的微妙组合构成了一种具有强

烈自身特色的人格，不论处在何种情形之下，每一组成成分都是不可替代的。

# 三、特征

戈登·奥尔波特引入的特征理论认为：一个人的个体品质是决定他行为的关键。该理论还认为，这些特征可以通过尺度或者等级来进行衡量，每一尺度或等级用以衡量某一个体的一种特征或特性。比如，评定一个人的侵略性和情绪性的级别。这个人是不是很快就会发怒？他是不是很容易哭泣？他信赖别人到了什么程度？但是对某一个个体来说，他所描述的人格特征是多种多样的，我们又怎么决定哪些特征最为重要呢？

## 1. 因素分析

因素分析是一种用于解释多重人格测试中得分的统计学方法，通过计算机计算，求出评价某一人格所需特征的最小数字就可以完成上述任务。例如，在测定快乐特征度时，你会落在介于"严肃"和"热情"之间的某点，前者具有最低等级"1分"，后者具有最高等级"10分"。关于人格基本元素的构成，在经过广泛的研究、测试和数据采集之后，雷蒙德·卡特尔（1905～1998）总结出如下16种因素：

* 温暖的。

* 智慧的。

* 情绪稳定的。

* 支配的。

* 愉快的。

* 尽责的。

* 大胆的。

* 敏感的。

* 多疑的。

* 富有想象力的。

* 精明的。

* 有内疚倾向的。

* 革新的。

* 满足的。

* 自律的。

* 紧张的。

每种特征又被划分为10个等级：1～10分。每一等级被赋予一个形容词，像之前提到的快乐特征度一样。卡特尔还设计了一张包含100多个是非问题的调查问卷，目的在于测定上述特征的等级，依据被调查者提供的答案，为每个个体建立尽可能正确的个性档案。

## 2. 特征理论引发的问题

虽然特征理论的途径建立在个体对某一特征的某种倾向之上，并且成功地确定了他的特性，但特征理论还是不能真正地描绘出一张完整的画面。内向－外向和稳定－不稳定水平证明了行为有时会依赖于当前的情况。一个在办公室的熟人面前表现得害羞而安静的人，周末与朋友在一起时可能自由自在而又善于交际。相似的，一个12岁的男孩子可能在他严格的父母身边会显得紧张而举止良好，但是在学校与朋友一起时，他的侵略性就会上升。心理学家已经发现为人格测定设计试卷不是一件简单的任务，因为个人经历和在社会境遇中的相互影响都为其铺设了难以跟从的不确定路线。

# 四、心理动力学观点

特征理论家的主要研究对象是个体的行为，而社会－学习理论家相信：外部要素对于了解行为特殊类型具有关键意义，比如环境对行为的影响。他们也相信个体和环境两方面共同起作用，最终间接作用于每一个具体情况。判断行为类型的第一步就是：了解个体在处理具体情况时怎样依赖于其自身的人格特征。

## 1．帮助和教唆行为

奖励和惩罚的增强在很多方面影响着我们的行为，我们在直接的、替代的以及自我执行的学习中都会遇到。直接增强包括金钱、奖状和奖品等具体奖励，以及被训斥、谴责或者取走当事人十分看重之物等惩罚。通过替代学习，我们对所做的某件事情进行了二次思考，因为记得发生在

**重要提示**

如果最近你感到有点忧郁，或者过了不怎么开心的一天，那么看看镜子中的自己，然后（大声叫出来）告诉自己你是多么伟大。看起来这似乎是很傻，可能会使人发笑（那也不是什么坏事），但或许会让你的心情好一些。

别人身上的一次类似情形，或者回想起朋友和同事讲述的一个涉及相同情节的故事。之后，我们就会从中得到借鉴和启发。

最后，无数事实已经证明，自我执行的增强对我们全面行为的影响力最为强大。对自己执行的陈述，像"我能行"、"在那里卡住了"、"我看起来很棒"、"我看起来很糟"、"我太高了"或者"这就是我的颜色"，增强或削减了我们的自尊心。这些都塑造了我们的人格，反过来，向世界展示出一个或积极或消极的"我们是谁"的形象。

## 2．对境遇的反应

如前所述，人格由很多因素决定，并在多个水平发挥着作用。因此，社会－学习理论家主张行为和对境遇的反应是3个方面的结合：当前境遇中

的细节、我们看待境遇的态度以及对过往类似情形的总结。当我们准备对一个特定境遇作出反应的时候，与众不同的个人差异就会出现在思想的最前端。下面列出社会－学习理论家认为重要的一些因素：

· **熟练**——智慧的、身体的以及社会技能。

· **观点**——对境遇和意见的阐释。

· **预计**——判断行为的结果将是有利的还是不利的。

· **重要水平**——在一种境遇中的行为可能比其他境遇中的行为重要得多（例如给同事留下印象的表现和给老板留下印象的表现）。

· **个人目标**——设定现实目标的能力以及为了达成目标而做出的行动。

前面提到的行为差异和日常情形之间的关系遵循着给予－索取模型，我们贡献的就是我们将要取回的。对接近的人表现得漠不关心，就会让他们停止对你的接近，你将留在一个自造的孤独世界中；对别人友好和作出反应，就会使他们感到温暖并给他们继续接近你的勇气。

# 五、心理分析途径

与前面讨论的将注意力集中在公共人格和行为类型上的理论彻底相反，心理分析理论将目光转向我们的私人人格，在私人人格中，无意识动机对我们实施的行为负责。

## 1. 自由联想

在弗洛伊德的《心理分析概要》(1940)一书中，他在进行人格结构分析时运用了冰山来描绘人类的思维。刚刚露出水面的部分是我们思维中的有意识区域，而水面之下的更大部分代表了我们的无意识思维，那里容纳了梦、冲动和被抑制的记忆。为了着手揭开这些无意识的谜题，弗洛伊德运用了自由联想策略对沉睡在水面之下的

**知识点击**

"意识流"是詹姆斯·乔伊斯、弗吉尼亚·伍尔夫和詹姆斯·凯鲁亚克采用的一个术语，常被应用在书面写作中。意识流也指在事件发生的第一时间将思维中的想法、感觉和图像传播的有意识体验记录下来的一种方法。

内容进行了大胆勾勒。他还尝试着用这种方法——梦的分析和对童年回忆的评价，帮助病人了解他们自己以及他们的行为。

除自由联想之外，弗洛伊德还认为人格由三要素（本我、自我和超自我）构成，这一思想是心理学界最广为认可的理论之一，它也常常被当作讽刺漫画和连环漫画的题材。

## 2．本我

本我需要身体上的痛苦立刻得到满足，所谓的身体痛苦包括饥饿、口渴和性紧张等等。这些生物本能表明本我忠于快乐原则，所谓的快乐原则就是为了体验满足和轻松而去除痛苦和不便。本我说："我寻找快乐。"

## 3．自我

自我是本我的更成熟版本。虽然自我仍在寻找快乐，但是它在现实原则之上进行操作，当境遇不利于满足自我需求的时候，冲动就会受到控制。例如，为了不在繁华的城市中心的人行道上随地小便，就快速地去找一个洗手间。这就是自我做出的一个决定。自我说："我寻找快乐，在合适的时候。"

## 4．超自我

对超自我的最好描述就是，它是一个停坐在你右肩的小天使，在你的耳边诉说着道德。超自我审查和限制着自我，作出价值评判，设立标准以及权衡后果。超自我说："我寻找快乐，只有在不需要做出令人不满的事情才能获得快乐的时候。"

弗洛伊德人格模型的所有3个部分看起来好像是争相照射主要演员的聚光灯，但通常情况下它们共享一个舞台，只有这样才能尽可能完整地理解某种境遇。当然，在它们相互竞争的时候，焦虑感会被暂时压抑，只有在竞争结束之后才会显露出来，或者以其他形式得以表现，比如严格练习或极端竞争。这些反应被称为防御机制，它能使人免于感受3种冲动之间进行的冲突。

# 六、人文主义观点

人文主义途径常常被与个体现象学联系在一起讨论，在个体现象学的研究中，只有人类有意义的阐释以及对事物和事件的主观体验才与他们的人格特征相关。这一信条与之前讨论的理论直接相悖，因为它否定了动机和潜意识的动力。卡尔·罗杰斯是这一思想的先驱，像弗洛伊德一样，他也将自己的理论建立在对精神病患者的研究之上。

**注　意**

人文主义途径的批评家表示，这一理论是不稳定的并且不能被测试。他们还认为，人文主义途径通常更多地研究了观察者的反应而不是被观察事物的反应。

罗杰斯保留了冰山露出水面以上的部分，并鼓励积极乐观的观点，他相信一个人具有向好的方面变化的能力。他实施以人为中心的治疗，包括了两个部分：患者对其自身问题的讨论，以及他们想要怎样应对问题。作为一名临床医学家，罗杰斯发扬了"无条件积极看待"的概念。这意味着即使病人的行为激怒或刺激了他，罗杰斯还是会诚实地予以回应。他对病人本质上的照料和尊敬是不会被病人带进疗程的消极事物破坏的。为了帮助人们评定问题，他将精力集中于病人理想的自我、思想、感觉和自行浮现的解答之上。找到答案，并且建立一套目标和计划，这样就可以帮助病人变成自己希望的样子。

# 七、流行的人格测试

不论应用什么理论，人格测试总被用于证明或推翻它。首先，印象通常是人类彼此间最具判断力的交流。刻板形象可以加在人们身上，他们穿什么样的衣服，跟什么人在一起，甚至是吃什么食物。我们依据这些信息判断其人格。例如，与一个人第一次见面，你发现他穿了鼻环，马上你就会魔法般地唤出朋克摇滚者、摩托帮和其他社会叛逆者的形象，甚至还断定他长袖衬衫下面藏着绘满文身的双臂！注意力仅仅集中在他的鼻环上，你给了它如此高的重要性，以至于你对这个人的所有判断都建立在其人格这一方面。然而，更有价值的评定人格的方法并不仅限于此，而是包括了观察方法、人格调查表和投射技术。

**重要提示**

如果你对业余时间里进行一次人格测试感兴趣，可以在因特网上找到一些。然而，很多网上测试都未被证实是正确的，因此不要太相信其结果。不管怎么说，它们只是一种打发时间的消遣方式。

## 1. 观察方法

通过观察人们的自然状态——将其置于困境来看他们如何表现，以及通过采访，都可以完成对人的观察。采访可以是未经组织的（展示的大部分信息由被访问者决定），也可以是经过组织的（为了比较和对比，访问者预先决定话题，例如面对多个工作申请者）。这种方法也用在对人进行工作面试的等级评定过程。被评定的方面包括但不局限于自信、镇静、情绪的稳定性、与他人的关系以及积极性。

## 2. 个人调查表

通过一张个人调查表，自我观察得到了测量。一份很像卡特尔的因素分析和是非测试的调查问卷呈现在被测者面前，这样，他们的感觉、思想和对境遇的反应就可以被记录和分析。明尼苏达多项个性检查表（the Minnesota Multiphasic Personality Inventory，MMPI）和加利福尼亚心理调查表（the California Psychological Inventory，CPI）都以测量人格特性的陈述为特色。

最初MMPI适用于患有人格障碍或者严重精神疾病的人，但后来广泛地应用于检测典型人格特征上。MMPI没有覆盖足够宽的范围以测量"正常"人格，因此，能够更好地解决这一问题的其他调查表已经被开发出来。作为其中的一个，CPI包括了学术能力的测量。

### 3.投射技术

投射技术中最受公众认可的是著名的"墨迹斑点"系列，它构成了罗切斯试验的整体。这一试验是由赫尔曼·罗切斯在 20 世纪 20 年代发展起来的，它通过向被测者展示一幅墨迹图像来实行，要求被测者观察这幅墨迹图像，并描绘出他认为和墨迹看起来相像的一切事物。这一试验的主要思想是得到被测者的最初反应（思想开放的、激动的、富有洞察力的、不同于他人的），因此一个人格评价得到了判定。为了作出专业的评价，墨迹试验比其他的任何测试都需要更大量的训练。

一个相似的试验叫作主体领悟测试，它是在 20 世纪 20 年代由亨利·默里设计的。在试验中，被测者将会看到 20 幅内容含糊不清的图片，然后他们要对图示中正在发生或将要发生的事情创造出自己的故事。被测者一边讲述着故事，心理学家一边摘录出潜在的信息，以此寻找被测者动机、情绪和特性的线索。

这两个试验都被用于预测行为的开始阶段，并连接着进一步的调查研究，比如人的态度或者生活史。

扫码获取更多资源

第十四章

# 应对生活的困难，实现幸福

　　无论我们多么成功、健康、有能力和幸福，压力都是生活中不可避免的因素。通过探索形成压力的主要起因、人类面对压力的不同反应以及在应对压力时所遇到的身体危险，我们就能够测量人类遭受压力的频率以及应对它的能力。

## 一、紧张性刺激和压力

　　首先，让我们从压力的定义开始。压力是指极端的压迫、艰难、痛苦的急性暴发或长期积蓄的情形。压力可能来源于一种情绪的挣扎，必须克服的身体障碍，来自家庭、朋友和工作等多方面的不同要求，应对一场不可预知的突发事件（比如自然灾害或者失去所爱的人），或者引起不悦的情绪波动等诸多因素，这些因素我们将在本章的后面部分提到。虽然对于压力的定义存在着一些分歧——对刺激的反应、刺激本身或者人和刺激的关系——但这些看法基本可以划分为如下几个主要类别：冲突、再调整、日常麻烦以及个体影响。

### 1. 冲突

　　当我们不能同时拥有两个最好的时候，一个动机的冲突就发生了，比如需要钱才能买一辆车，和需要一辆车才能获得一份能够支付买车钱的工作。为了找到解决这一冲突的行之有效的方法，产生了许多压力，尤其是在不能获得家庭成员或朋友的帮助时。除了这个例子之外，下面列出了另外一些最常见的冲突，这些冲突引起了我们生活中的种种挣扎，因此也是需要解决的：

· **独立或依靠**——向家庭和朋友求助，我们知道他们是有能力帮助自己的人，但这并不总是容易办到的事情。而我们又想要向他们显示自己足够成熟、足够智慧、足够强壮，能够依靠自己的力量获得成功。

· **亲密或孤立**——想要与他人分享自己和我们的爱，而这常常又与害怕被伤害和被厌恶相互冲突。放弃自己的一些独立性又害怕失去自我，但另一方面我们又需要和别人亲近，这便是另一对冲突。

· **合作或竞争**——人们常常强调，合作的团体可在工作中创造出最有价值的成果。然而，为了得到社会的尊敬和肯定，我们又必须展现个人才干并且使自己的能力为人所知。

· **冲动或道德**——当为自己设定行为标准的时候，我们能够履行自控、克制和礼节，因为我们将周遭的环境考虑在内了。但是当出于自私的原因，比如在性或暴力的情形中，满足冲动就会带来罪恶感和后悔的情绪，这样就出现了冲突。

在强烈的矛盾之下，这些动机促生了充满重压的、让人必须做出艰难抉择的境遇。通常只有在多次反反复复的内心对话之后，当事人才能做出最后的决定。

## 2. 再调整

重大的生活变故既有正面的再调整又有负面的再调整。你得到了一份梦想已久的工作，但工作的地点远在离家1500千米之外的地方，这就对你的身体和精神两方面都产生了巨大压力。荷马压力量表（美国一种自我压力测试表）通过事件的时间、压力及其重要程度来鉴定事件带来的压力大小。在对压力和生理疾病之间关系的研究中，被试者按照要求选择出一年内发生在他们生活中的各类事件，将各题分数相加，总分数被用来预计未来一年中该名被试者患病的可能性。得分在200分以下的人具有30%的患病概率；分数在200～300分之间的被试者中超出半数的人都有健康问题；得分在300分以上的被试者中，大约80%的人都患有疾病。

虽然这些结论目前还在争议之中，荷马压力量表还是被当作一个用于发展新量表的模型。它也是衡量压力对身体疾病所起关键作用的新方法。

### 3. 生活中的小挑战

日常的小麻烦就像早晨的闹钟一样响个不停。丢了车钥匙，遇到堵车，将咖啡洒在自己身上，账单，没时间与所爱的人共处，这些事情本身似乎微不足道，但当反复遇到的时候，它们可以引发极大的痛苦。丧失配偶，使你在感情上已经很难接受了，可它还会给你的日常事务带来诸多压力，你会发现自己必须照顾那些平时不习惯照顾的事务，比如维修汽车、处理银行事务等等。这些变化可能在体力上令你筋疲力尽，同时学习如何有效率地应对它们也会产生极大的压力。

**重要提示**

你可以使用以下几种方法来为自己减压：利用舒缓手段，比如瑜伽；找个方法使自己发笑，比如看一部搞笑电影或参加一个喜剧俱乐部。当然，锻炼总是一个减压的好方法。

一个人总的生活态度也影响着他对小麻烦所作出的反应。一个充满乐观思想的人可以平静地面对深陷交通堵塞的困境，因为他会意识到"不就是个交通堵塞吗"，况且自己也做不了什么能改变现状的事情，所以他不会变得沮丧，而是找点别的事情来做，比如阅读，这样努力令不好的心情有所转变，从而度过堵车的这段时间。相反，旁边汽车里的人可能刚刚度过了糟糕的一天，他开始大声叫喊，拍着方向盘，使劲儿地摁喇叭。为什么面对相同的压力，不同的人表现得如此不同？这个问题将在下一个压力类型中进行讨论。

### 4. 个体影响

虽然一个人对某种境遇的个体评价会影响他对该境遇作出的反应，但是压力本身所具有的独一无二的特性对于人的压力体验水平而言，也是一个重要的因素。压力的可预见性和可控制性影响着压力被感觉和被应对的水平。

可预见性是十分重要的，因为这为我们在压力到来之前做好行动和精神准备留出了时间。试验结果证明其他动物更愿意知道何时遭受压力，在一次老鼠试验中，研究者在震动到来之前，先以信号的方式对老鼠发出警告。通过摁压一个金属棒，老鼠可以收到一个听觉信号，这让它们为接受震动做好准备；如果它们没有摁下金属棒，就不会收到信号。结果所有的老鼠都学会了摁压金属棒的动作，这意味着所有的老鼠都更愿意预见到不快事件的发生，而不愿经受不知灾难何时到来的不确定感。

相似的人类试验也得到了相同的结果。那些丈夫参加越南战争并被宣告失踪的女性比那些知道丈夫被杀或被囚禁在监狱的女性更多地患有身体和精神健康问题。不能"盖棺定论"使这些女性每天都过着忐忑不安的生活，她们想象着自己丈夫的状况，等待着来自政府的答复，并且为了应该何时放弃婚姻和开始下一段感情而痛苦挣扎。

可控制性是帮助减轻压力的另一要素。如果我们知道自己具有停止压力境遇的能力，压力本身就将不再那么严重。如果我们总是能够在商场变得拥挤不堪之前就解决问题——买完所有需要的商品，那么应对假期购物的压力就会变得轻松得多。

# 二、压力影响身体健康

压力产生的生理反应包括心率加快、血压上升、呼吸加速、肌肉紧张、口干以及颤抖等等。当压力不断持续时，除了这些生物反应，身体健康也开始恶化，可能会发生溃疡和心脏疾病，如果压力没有得到有效应对，那么身体的防御系统就会减弱。

## 1. 溃疡和心脏病

当胃中的盐酸分泌过多，胃内壁上就会出现穿孔，这就是溃疡。盐酸配合酶的作用完成消化过程中分解食物的工作。很多因素会引起盐酸过量分泌,压力是其中之一。还是以老鼠试验为例,在开始震动老鼠之前,通过"警告信号"的方法对老鼠进行测试,结果仍然显示,收到预先警告的老鼠比那些没收到警告的老鼠幸运得多,它们较少出现溃疡。

心脏病是另一个可由长期压力带来的身体疾病。1981年,美国心脏协会宣布"A型"行为应该被视为导致心脏病的一个危险因素。

一些研究者相信展现在A型个体身上的敌意特征是造成心脏病的罪魁祸首。学习慢下来、信任大家的能力,并为自己设定现实的目标,这样就会减少一个人的不友好程度。在一些试验中,告知被试者虽然需要排队等待,但不要变得急躁(跺脚、叹气、对商店售货员发脾气),而是思考他们平时没有时间思考的事情并与挨着的人进行一次交谈。这样的行为可以将能量带入积极的方面,从而改变能量的走向,如此一来就减轻了通常会被负面反应扩大化的压力。

## 心理学大考场

**什么是A型行为?**

　　A型行为是一个用于描述那些极为难以放松的个体的术语。　他们无时无刻不在竞争之中(即使在与孩子们做游戏的时候亦是如此),对不满意的人很快就会感到愤怒和不耐烦,总是陷于时间的限制,并且不断地迫使自己完成更多的工作。

## 2.免疫系统

免疫系统和神经系统之间的联系仍在研究之中,但是我们已经得出了一些决定性的证据,因为现实生活中,许多事件让人感到,巨大的压力可以削弱免疫系统抵抗疾病的能力。例如,准备期末考试的大学生更容易患上呼吸道感染,因为身体减慢了某些抵御疾病所需物质的合成。

但不是所有人的免疫系统都会受降于压力。那些感到他们掌控着自己的生活,表现出积极态度的人,能够以必要的行为解决那些会造成压力的问题,这可能涉及寻求别人的帮助或者做出改变(或大或小)以缓解压力。

# 三、压力影响精神健康

伴随着身体疾病，对压力事件的心理反应可以阻碍我们清晰和逻辑思考的能力。在惊恐之中，一个人可能会太专注于负面结果的反响，以至于他不能采取措施去引导正面结果的发生。例如，一个拥挤着上百个人的夜总会起火了，每个人最初的恐慌反应就是冲向同一个出口，这样一些人就可能会在人们逃生的过程中被踩伤或压伤。同样，在应付这个突发事件时，一些人过于担忧一个决定的可能后果以至于不能做出决定，最终事情发展到一定程度，使他们不得不接受那个痛苦的结果。伴随着压力的认知反应，诸如焦虑、愤怒和抑郁等情绪反应都影响着我们应对压力的表现。

## 注 意

所有的精神疾病中，归入焦虑的精神障碍最为普遍。仅在美国，就有超过 1900 万的成年人遭受着这些疾病的困扰。说也奇怪，焦虑障碍也是最难以治愈的，这也解释了为什么很多人求助于药物和酒精来自救。

## 1. 焦虑

焦虑是当你担心在未来将会发生的某些不好的事情时出现的紧张感觉。焦虑可以划分为两种：客观焦虑和神经性焦虑。客观焦虑是弗洛伊德所描述的一个人对引发焦虑的境遇的现实接近。为了消除他感到的焦虑，那个人被促使着采取行动。另一方面，对于神经性焦虑，弗洛伊德相信这是由人没有意识到的无意识驱动造成的，因此它是不可了解和控制的。

焦虑通过多种途径靠近我们，并且出现在许多情形之中。害怕、担忧、恐惧以及紧张的感觉都属于焦虑，并存在于许多层次中，其中的一些可以引发严重的障碍，这些我们将在接下来的一章中进行讨论。引起焦虑的原因也以不同的方式出现。弗洛伊德主张神经性焦虑由本我与自我、超自我之间的冲突引起，并且由于这一冲突存在于无意识层面，所以人是不能控制它的，也正因此，产生了无助的感觉。

## 2．愤怒

愤怒是应对压力的一种反应，这些压力常常会引发某种方式的侵略行为。挫折－侵略假设假定当一些事物阻碍我们得到我们想要得到的东西时，我们就会感到挫折，这是一种让我们的行为带有侵犯性的情绪，努力伤害那些阻碍我们得到想要得到的东西和带来挫折的人或事物。当愤怒指向那些不是引发挫折感的人和事时，发生的就是转移愤怒。工作上糟糕的一天可能转移为与家庭成员发生口角的形式，而

婚姻上的问题可能表现为在社交场合中的不平常行为。

## 3．抑郁

当所有的希望都丧失的时候，当过上富足、健康、有目标的生活的愿望消失的时候，抑郁就接管了生命的每一个方面，包括打破饮食和睡眠习惯、思维过程以及建立持续积极的关系的能力。虽然抑郁本身的信号能够确定，但是什么导致了抑郁以及什么人更易于变得抑郁，目前仍然悬而未决。多重事件的结果和单独一次经历都可能引发抑郁，而且所有的人格类型都是怀疑的对象。

抑郁的类型包括：严重抑郁，一系列的症状干涉了病人生活的每一个方面；心理沮丧，抑郁的一种较轻形式，不会引发功能丧失但仍会产生绝望的感觉；两极障碍，也称为躁狂抑郁病，病人体验到一系列情绪的极高和极低突变，而且在自然状态中，这些变化常常是不可预测的。

# 四、调整障碍

调整障碍有几个类型，其中一些类型已经讨论过了，一些类型是若干障碍的组合。下面是不同类型的障碍以及它们的一些定义性特征：对抑郁

的调整障碍（绝望、极度痴迷）、焦虑（紧张、过度担忧）、抑郁和焦虑（绝望、极度痴迷、紧张、过度担忧）、行为失调（反社会行为，比如恶意破坏、校园问题、法律问题）以及情绪和行为的失调（所有上述特征）。

典型的调整障碍持续时间不会超过 6 个月，除非出现或存在慢性压力，例如，持续的关系或与工作相关的问题。通常一些形式的治疗是有帮助的，并且药物治疗可以作为相关治疗的一部分。

# 五、工作倦怠

所有的人都曾经感受过工作上的压力。一些经历是偶尔的较量，而另一些却需要定期的应对。然而，工作倦怠并不仅仅发生在工作场所。与工作相关的压力包括上班或下班途中陷入交通堵塞，噪音和空气污染，不得不将工作带回家，应付苛刻的老板以及与不合作的同事竞争等等。久而久之，这些元素的结合可以建立和引发一个人生活中的巨大压力。

更令人担忧的是对遭遇工作压力频率的统计学证据。2000 年，"美国工作场所态度"盖洛普民意测验中发现的事实，是很能引发人们的深入思考的：

\* 80% 的工人在工作中感到压力，几乎一半的人说他们需要帮助学习如何应对压力，42% 的人说他们的同事需要此类帮助。

\* 14% 的回答者在过去的一年中曾经想要殴打某个同事，但是没有实行。

\* 25% 的人由于工作压力而想要尖叫或

**重要提示**

腕管综合征是美国耗费最高的工作场合损伤，它在对工人的总赔偿支出中占 1/3。腕管综合征是由一根手腕通向手的神经压迫造成的疾病，其显著特点是手部无力、疼痛和感觉失调。

大喊，10% 的人关心他们在工作中惧怕的某个人会变得暴力起来。

\* 9% 的人知道在他们的工作场所中存在着袭击或暴力行为，18% 的人在过去的一年中已经经历过某种形式的威胁或口头胁迫。

不仅是我们的工作正在比过去任何时候都变得更难了，同时奖赏也正变得更少，情绪和身体疾病正变得更加危险。

如果没有得到及时的诊断，工作倦怠可以引发抑郁、自杀倾向以及暴力行为。它也会造成关系问题、社会问题以及健康疾病，其中一些是致命的。

# 六、应对压力的更好方法

在考察应对压力的更有效方法之前，让我们先探究一下最不健康和最无效果的应对压力的方法。这些方法包括但不仅限于药物、酒精、过度进食、强迫性购物、赌博、对电视产生迷恋或者向他人发怒，这些方法最终会造成更大的压力。应对压力比较健康和更加有益的方法涉及鉴别问题和找到奏效的解决方案。

## 1. 问题－解决途径

问题－集中应对是指当问题已经出现的时候，人们制订一个计划以解决该问题。比如，一名学生被通知没有通过一门必修课的考试，那么他与教授进行交流，寻找可以帮助他通过考试的方法，这是应对压力的最为现实的途径，并且产生最为积极的结果。有时，当自然灾害发生的时候，比如飓风或龙卷风，造成许多人无家可归以及衣服和食物供应的短缺等等，这时就应该大家一起努力解决压力造成的问题。

## 2. 情绪途径

情绪－集中应对是指一个人间接地努力应对焦虑。这可能包括了求助于酒精或药物，或者只是完全的逃避。比如那个得知自己将不能通过考试的学生对于这件事只是冷漠处理，下决心下学期重修这门课程而不是做出现在通过考试所需做出的努力。

# 七、防御机制

据安娜·弗洛伊德所说，为了使自己渡过艰难时期直到能够以一种更为现实的方法解决问题，我们采用了集中类型的防御机制。压抑、合理化、反应信息、推诿、理智化、否认以及置换是我们参与的几种骗术。下面让我们详细地看看这些骗术。

压抑是最基本和最重要的机制，在压抑中，那些引起内疚、羞愧或自我贬低的痛苦和可怕记忆被排除在你的有意识范围之外，并储存在思维的无意识区域之中。合理化可以通过《伊索寓言》中的一则得到最好的解释，狐狸会在吃不到葡萄的时候认定葡萄是酸的。你会遵循当时感觉的最好推理方式，而不是最能反映实情的推理

> **知识点击**
>
> 情绪－集中应对的一种形式称为防御机制，这一机制主要是通过一些有帮助的方式来欺骗自己。但是如果将其作为解决问题的主要办法，那它将会变得不利于健康。

方式，所持的态度是"反正我不是真的想要得到它"。反应信息是指通过执行那些显示绝对相反动机的行为来将真正动机隐瞒起来。例如，你可能很讨厌你的婆婆，但羞于表达你的这种感觉，所以你反而对她特别好。推诿是指为了避免讨厌自己，你将自己的攻击性特征发泄在别人身上。理智化是指应对纯抽象和智力方面的压力问题。那些所从事的工作领域总是出现痛苦和死亡的人（医生、警官、消防员等等），为了成功地胜任工作必须努力分散自己的情绪。否认是指发生在境遇的真相实在难以接受，所以你拒绝承认它的存在。置换是指动机在不能以意愿的方式得以实现的时候，就以其他方式比如艺术品、音乐或诗歌的形式表现出来。

# 八、积极心理学和主观幸福

社会资源的价值在于大众对资源需求的增加。休养所、青年中心以及电话热线都是政府投入了相当大笔的资金用于解决精神健康问题的例证。

另外，提升自己的幸福感其实很简单，只要与你的需求和愿望合上调子就可以了。了解你是谁，接受你是谁，鼓励你自己，帮助你自己并且在需要的时候向他人求助，影响你自己。

# 第十五章

# 障碍：当思想和感情出错时

在本章中，我们将会看到精神健康专家怎样判断精神何时出错以及怎样诊断这些精神障碍。我们还将探究那些侵袭大众的主要精神障碍，包括它们的起因以及症状。欢迎来到异常心理学的世界。

# 一、什么是异常

异常心理学研究的是异常的精神过程和行为。异常的定义是"不正常"，但是这个定义不足以出现在心理学的研究领域之中。首先，正常是一个相对的概念。例如，你认为异常的行为在你的邻居看来可能就是正常的。社会也有它自己对于正常的标准。我们每个人都有自己认为的"正常"，就像我们自己的"异常"概念一样。精神健康专家必须能够定义异常行为，然后判断异常行为何时构成了精神障碍，这不是个轻松的任务。

## 1. 异常行为的判断

有一些因素是精神健康专家在判断一个人的行为是否异常时所必须考虑的。一个因素是该行为是否侵犯了文化的标准。每一个社会都有其自己的一套认为可接受的规范，我们被期望着遵守这些社会规范。亚文化群也具有自己的规范，例如，在一般社会中，穿着极其肥大的裤子或戴花色丝质的大手帕都会被视为异常。然而，在一些特殊亚

### 知识点击

还有一个因素是：行为是否使人感到忧伤。如果一个人遭受着严重的情绪低落或由该行为引起的其他后果，那么该行为就是异常的。我们都会时不时地感到忧伤，这是正常的，只有当行为变得极端或频繁发生时才不正常。

文化中，这不仅被视为是正常的，而且几乎是必需的。一个人不符合文化规范的行为在统计上被认为是异常的和不受欢迎的。另一个因素是该行为是否是有害的或者适应不良。如果一个行为妨碍了你适应每天生活需求的能力，它就被认为是适应不良的。当然，一个可能对自己或他人造成伤害的危险行为也被视为异常。

其他因素决定着行为是否是失去理性、不可预料或是无法说明的。在这些情况下，一个人的行为不能为他人所理解。例如，一个患有厌食症的人在外人看来其实瘦得像根竹竿，但她相信自己看起来很胖，所以她限制自己的饮食并且过度运动。这是一种大多数人都无法理解的失去理性的行为。有时，行为的发生没有明显原因。例如，一个人没有明显原因地对完全陌生的人做出猥亵的言行。这种行为是无法说明且不可预料的，因此是异常的。

## 2.做出诊断

做出精神障碍的诊断不像仅仅断定异常行为一样简单。异常行为可以是精神障碍的一个症状，但它不会自发导致精神障碍的存在。当然所有人都做出过失去理智的行为，但那并不意味着我们都患有精神障碍，那只是暂时状态的孤立事件。

精神健康专家必须从长时期和严谨的角度看待异常行为。如果一个人的行为中体现了两种或两种以上的异常行为因素，那么就必须做出更进一步的观察。如果异常行为在长时期内频繁发生并且扰乱了一个人的正常生活，那么这个人就应被诊断为患有精神障碍。

## 3.精神障碍分类

为了帮助识别和诊断精神障碍，精神健康专家们已经建立了一个描述具体精神障碍症状的分类系统。这一分类系统刊登在《精神障碍诊断和统计手册（DSM）》中，由美国精神病学会出版。该手册包含了大约 400 种精神障碍的诊断分析，它们被划分为 16 大类：

·**适应障碍**。患有这种障碍的人会对近期发生在他生活中的变化显示出异乎寻常的紧张或者持续的情绪反应。

· **焦虑障碍**。属于这一类的障碍都具有极端害怕或焦虑的症状。它们包括恐惧症、带有或不带有陌生环境恐惧症的恐慌发作、强迫症和外伤后的压力障碍。

· **精神错乱、痴呆、健忘症及其他认知障碍**。属于这类的障碍是大脑损伤的结果，包括由退化疾病、脑损伤、撞击或使用药物造成的损伤。

· **通常初次诊断在幼年、童年或青春期的障碍**。这些障碍在成年之前就出现了，包括智力迟钝、发育问题和注意力不集中障碍。

· **分裂障碍**。这些障碍以一个人的经历与他的有意识记忆分离为特征，包括分裂健忘症以及分裂人格障碍。

· **进食障碍**。这些障碍以过量进食、食量过小或者因为担心增重而泻清。它们包括厌食神经官能症以及易饿病。

· **虚假障碍**。这些障碍的特点是病人企图伪造身体或心理疾病。

· **冲动控制障碍**。这些障碍的显著特点是患者不能控制自己的冲动，而总是会参与到某种对自己或他人有害的行为之中。这种类型的障碍包括盗窃癖、放火癖、赌博癖和间歇爆发性障碍。

· **病理条件下的精神障碍**。这些障碍是病理作用的结果，比如癫痫症引起的精神障碍，或者大脑损伤引起的人格改变。

· **情绪障碍**。这些障碍以情绪的极端变化为特点，比如极度消沉、躁狂抑郁精神病、精神抑郁症以及狂躁和抑郁并发的情感性精神病。

· **人格障碍**。这些障碍是适应不良的结果，它会扰乱一个人在日常生活中的活动和（或）引起极度的悲痛。这类障碍包括自恋人格障碍、反社会人格障碍、边缘人格障碍、强迫性人格障碍以及妄想狂人格障碍。

· **精神病**。这些障碍的特征是错觉、幻觉或极端的思想障碍（通常患者被认为已经脱离了现实）。这类障碍包括精神分裂症以及妄想障碍。

· **性障碍与性别个性障碍**。这些障碍的标志为与性功能有关的异常行为，包括被虐待性变态、裸露癖、精神性欲官能障碍、恋物癖以及易性癖。

· **睡眠障碍**。这类障碍的显著特征为正常睡眠方式的失调。它们包括失眠症、发作性睡眠以及睡眠性呼吸暂停。

· **躯体形障碍**。这些障碍以无原因的身体症状为特征。它们包括忧郁症以及转换障碍。

· **物质相关障碍。**这类障碍是药物使用或停用的结果，药物包括酒精、咖啡因、安非他明、鸦片剂或尼古丁。

DSM 对每一种精神障碍都给出了大量的详细信息，以帮助精神健康专家有效且正确地诊断每种精神障碍，这些信息包括了症状、易发人群的大致年龄（如果适用）、障碍的流行状况以及其他相关信息。接下来，我们将更进一步地讨论一些最常见的精神障碍。

# 二、焦虑障碍

正如前面提到的那样，焦虑障碍是精神障碍的一类。我们都会时常感到焦虑或害怕——当你等待一次重大考试的成绩的时候，当你坐上过山车的时候，或者当你的婆婆或岳母来访的时候。然而，这些情况一旦结束，我们就会发现自己平安无事地渡过了它们，焦虑和害怕消散不见了。而对于那些患有焦虑障碍的人而言，焦虑和害怕是不会离开的。它可能会暂时减退，但之后又突然返回，或者一直挂在幕后，患者的行为和日常生活中无处没有它的影子。这类障碍又可以分成几种，让我们看看其中的一部分。

## 1. 恐惧症

我们都会害怕一些东西——蛇、高度、公众演讲、小丑——但是这并不一定就意味着我们患有恐惧症。恐惧症是一种使患者变得无能的、夸大的、不切实际的害怕。一些恐惧症比另一些更加严重。例如，你可能患有小丑恐惧症，但是你需要多么经常地面对一位小丑呢？他们是非常容易避开的，所以你不必很经常地忍受这种极度焦虑带来的生理反应（出汗、恶心、颤抖、心跳加速或／及呼吸急促）。为了避开遭遇害怕的事物时的反应，人们所要做出的努力必须能够严重到影响一个人正常功能的一些方面，才能判断为恐惧症。

患有社会恐惧症的人害怕那些让他们感到他人在评判自己的场合。他们不能轻松地避免这种恐惧，除非想要缺席所有的课程、从不在餐厅里吃饭、从不外出约会而且基本上避免所有的社交场合（你可以忘记他们也会唱卡拉OK！）。更糟的是陌生环境恐惧症，患有这种恐惧症的人害怕离开一个安全的地方，比如他的家。大多数人都很难想象害怕离开房子，但是对于一些人来说这的确是一个非常现实的障碍。

## 2. 恐慌障碍

恐慌障碍是焦虑障碍的另一种类型。那些患有恐慌障碍的人会经常性地遭受恐慌发作的打击。恐慌发作是一段时间的极端恐惧，在这期间，患者会感到自己快要死了或者就要发疯了。恐慌发作常常伴随着呼吸急促、胸痛、头昏眼花、颤抖以及忽冷忽热。它们持续的时间可能从几分钟到几个小时（虽然这是很少见的）。他们有时候看起来很忧伤，但他们常常感触最深的是接下来（有时是在几周以后）一段时间的高度压力。

> **注 意**
>
> 很多初次学习异常心理学的学生在涉及精神障碍的一些症状时，都会将他们自己诊断为这本书上几乎每一种精神障碍的患者！别让你自己跟他们混为一谈。保持你的幽默感。

没有被诊断为恐慌障碍的人，也可能遭受一次恐慌发作，甚至是两次或者三次。我们中的很多人都会不时地经受恐慌发作，但是那些患有恐慌障碍的人会经常发作，并且为了避免另一次发作，他们会改变自己的行为或者在某些方面限制自己的生活。因为恐慌发作的发生如此不可预料并且如此令人苦恼，所以患者通常变得十分焦虑，想要知道下一次发作什么时候到来。这又增加了患者生活的压力，因此增大了恐慌发作的机会，这是一个非常令人担忧的焦虑和恐惧螺旋。

### 3. 外伤后压力障碍

外伤后压力障碍（PTSD）是发生在经历外伤之后的一种焦虑障碍，比如濒临死亡的经历、强奸、战争或者自然灾害。PTSD 的症状包括梦中或思想中重现该外伤经历、兴奋增盛（对轻微刺激的异常反应）、失眠和极度警戒、不能集中精力、抑郁以及拒绝与他人接触。虽然这些症状是会出现在任何高度压力事件之后的典型症状，但只有当症状持续至少 6 个月的时候才会被诊断为外伤后压力障碍。这些症状可能在事件发生之后立刻发作，也可能在几个月，有时甚至在更长时间之后才会出现。这并不是说经历了一个外伤事件，你就会患上 PTSD，一些人能够从事件中恢复过来，不至于发展成精神障碍。然而，外伤后压力障碍是经历严重外伤后的一个正常结果。

### 4. 强迫性障碍

强迫性障碍（OCD）就是强迫症，也是一种焦虑障碍。患有强迫症的人会陷入一个反复的、不必要的想法和反复的、仪式化行为的循环之中。这些反复的想法（强迫观念）通常会是一种念头或者特定的情节，患者在其中身处某种危险或者对他人造成危险，这也就是焦虑的来源。虽然这些想法是令人恐惧的和不受欢迎的，但是患者还是会不能自已地一遍又一遍地去想。那种反复的仪式化行为（强迫性冲动）也被相信是患者所不能控制的。虽然对我们来说它们看起来是多余的（比如 1 个小时内洗 15 次手），但这对于减少焦虑来说是必要的。这些症状必须被理解为无理性的，而且必须是令人苦恼的，才能诊断患者患有强迫症。

# 三、情绪障碍

情绪障碍是另一种精神障碍。在这一类中，精神障碍影响人的情绪达到打扰他的生活的程度。如果你的家人或同事告诉你，你喜怒无常，不要认为这就意味着你患有情绪障碍。所有人都会不时转化情绪，通常是因为我们所处环境中的某种刺激，比如另一个人的坏心情。情绪障碍涵盖了从极端抑郁到极端躁狂的广泛范畴，并且需要持续较长的一段时间。偶尔一点小的情绪波动是无害的，尽管这似乎也暂时扰乱了你的生活（或者他人的生活）。

## 1. 抑郁

我们都会经历悲伤，而且都会心情不好，但当我们说"我今天情绪低落"时，并不是对自己痛苦的恰当描述。抑郁（学术上称为临床抑郁或严重抑郁）并不是 24 小时的干扰，它是一种严重的情绪障碍，使一个人的行为、情绪、认知以及身体机能都有着剧烈的改变。这种无法抵抗的悲伤和（或）无价值的感觉至少持续两周，并扰乱了患者的日常生活，如果出现了这样的症状，病人就会被诊断为抑郁症。

**重要提示**

如果具有抑郁症的一些症状，那么去看医生对你来说是一个好办法。如果确实患有抑郁症，医生会向你推荐一位可以帮助你的精神健康专家。也有可能你是患有自己不知道的某种身体疾病，因为很多疾病具有和抑郁症相同的一些症状。

抑郁症的症状包括无价值感，不想做任何事情，甚至是那些你平常喜欢做的事情，压倒性的悲伤感，想到死亡或者自杀，无力，胃口的改变（过度进食或不进食），睡眠方式的改变（不能入睡或者较平常需要更多睡眠），难以集中精力和作出决定，以及缺乏交际的愿望等等。

## 2. 心理沮丧

心理沮丧是另一种情绪障碍，基本上它是较低水平的抑郁症。患有心理沮丧的人具有与抑郁症类似的症状，比如食欲的改变、睡眠习惯的改变、无价值感或绝望感以及低能量水平——症状常持续两年以上。但是，这些症状并不是一直都存在的，患者会在一些阶段感到自己又充满了力量，恢复了正常。即使这些症状有所缓和，心理沮丧仍然干扰着一个人的日常生活，因为它令行为变得更加难以完成。

### 3. 两极障碍

两极障碍（以前称为躁狂抑郁症）是另一种情绪障碍，患者经受着抑郁和躁狂之间的剧烈转变，中间夹杂着常态。两极障碍的抑郁同我们之前所述的抑郁症相同。躁狂是抑郁的反面，它是一种极端愉快的状态，其间个体感到充满力量、高度自尊、创造性以及雄心壮志。处于躁狂状态的人感觉就像他们能够征服世界——与抑郁截然不同。想象一下在这两种状态之间转换会多么令人疲惫不堪和困惑不已。

虽然躁狂似乎像是一件好事，但它是要付出代价的。患者所经历的不停活动是如此严重，以至于几天几夜都不会睡觉，快速和激动的言谈（因此也无法进行有效的交流）、极端的兴奋、不能集中精力（因此不能完成任何工作）、妄想狂、感情用事、消瘦，还有可能产生幻觉和错觉。当一个人出现躁狂发作的时候，就被诊断为两极障碍；同时，也可以诊断为抑郁症，因为这种障碍的抑郁方面与临床或严重抑郁完全相同。

### 4. 躁郁循环性精神病

躁郁循环性精神病是较低水平的两极障碍。患有躁郁循环性精神病的人也会经历狂躁和抑郁之间的骤变，但他们不会那么极端。他们与两极障碍的患者具有相同的症状，但是处于相对缓和的阶段。两极障碍患者和躁郁循环性精神病人之间的主要差别在于：躁郁循环性精神病人从来不会经历一种全面展开的狂躁状态，也不会经历严重的抑郁发作。只有当一个人经历这些症状两年以上时，才能作出躁郁循环性精神病的诊断。

# 四、精神分裂症

精神分裂症可能是最为著名的一种情绪障碍了，虽然人们常常将之与多重人格障碍混为一谈。患有多重人格障碍的人具有两种或两种以上的看得到的人格，他仍然能与现实社会保持联络。另一方面，患有精神分裂症的人通常都会脱离现实，并且不能完成很多日常活动。精神分裂症是相当难以正确定义的，因为它在形式上多种多样，并且患者之间不具有完全相同的症状。即使这样，精神健康专家还是列出了一张常见精神分裂症症状的清单，其中最普遍的就是幻觉和错觉。

## 1. 幻觉与错觉

幻觉是指一个人相信虚假的感觉感知是真实的。虽然精神分裂症患者可能看到根本不存在的事物，会感到有东西在他们皮肤上爬行，但精神分裂症患者最普遍出现的幻觉是听觉幻觉。他们听到人说话的声音，这些声音处于患者的头脑之中，但他们相信这真实得就像有个人正站在身边对自己讲话一样，因为他们的体验就像这个人真的存在一样。存在的声音可能是一个也可能是几个。一个声音会对患者下达命令或者进行侮辱；两个或更多的声音会进行一段对话，完全将患者置之度外。无论声音所说的是什么，患者都相信它是真实的，并常常会听从声音的建议或命令。

> **注 意**
>
> 电影和电视节目常常会将精神分裂症患者塑造成一个会向他人施暴的形象。虽然暴力是可能的，但是精神分裂症患者更倾向于向他们自己实施暴力。非常不幸的是，自杀倾向在精神分裂症患者中十分普遍。

错觉是虚假的，常常是古怪的想法，但产生错觉的人相信那是真实的。这些想法可以是想象能够用魔法召唤人和事物。从住在浴室水槽里的外星人到润唇膏里的毒鼠药，精神分裂症患者时常产生妄想的错觉，他们总觉得有什么人或什么机构，比如政府，正在密谋陷害他们。他们会想他们的电话被装了窃听器，有人在跟踪他们，他们的生命处在危险之中。有时候他们会相信自己是另一个人，一个非常著名的人，比如耶稣、总统或者某个名人。

你必须明白，就像错觉对我们来说是如此荒唐一样，错觉对于精神分裂症患者是如此真实，就像真实发生过一样令他们害怕。例如，一个人之所以被关进医院，是因为他确信警察在追踪他。他带着极其恐惧的心情从一扇窗户跑向另一扇，因为他被锁了起来，并且肯定那些走在医院庭院中的人就是来追捕他的警察。对于这个人来说，他知道别人认为他疯了，但是尽管如此，他仍然相信自己的担忧是真实的。

## 2. 混乱

精神分裂症的其他症状包括混乱的言谈和想法，以及不恰当和混乱的行为，这些思想的混乱通过言谈得到表达。精神分裂症患者会突然地开始赋诗或者从一个不合逻辑的想法转换到另一个，之间没有任何明显的过渡。患者的言谈可能是离散的和不连贯的，不能被人理解。混乱的行为无所不至，从不能自己穿衣服到在葬礼上不能控制地大笑。混乱的行为在特定场合下是不恰当的，或者会导致患者不能完成日常的简单任务。

## 3. 如此多的症状

我们已经讨论过的那些症状被心理学家定义为"正面的"，不要将其与"好的"相混淆。正面的涉及那些添加在一个人正常行为之上的主动症状，它们是健康人所不会显示的症状。负面的涉及那些在某些方面确实的症状——雄心、思想、感情、行为等等。这样的症状包括情绪的单调（当一个人无论面对什么都不会显露任何情绪的时候）、极为缺乏动机、脱离社会以及贫乏的思想和言谈。

**重要提示**

精神分裂症患者也会显示出情绪上的变化。他们会出现突然的情绪骤变或者夸大某个正常的感情，比如对一个笑话笑得太大声或太长时间，或是对自己以往总是很亲近的人变得冷漠。

还有很多这样的症状，我们不可能在这里全部列出，这就是为什么诊断精神分裂症十分困难的原因。就像世上没有两片相同的雪花一样，也没有两例精神分裂症病例是完全相同的。精神健康专家必须谨慎严肃地思考这一点，因为精神分裂症是一种非常可怕和有害的精神障碍。幸运的是，对于精神分裂症的治疗水平在近些年已经得到了较大的提高。现在有的时候人们可以部分或全部地从精神分裂发作中康复起来，但是还有一些人仍然被他们的身心状态困扰着。

# 五、人格障碍

正如之前提到的，人格障碍是一类以适应不良为特征的精神障碍，这种适应不良会扰乱一个人每天生活中行使功能的能力，或造成极端压力，以及影响与他人交往的能力。在阅读上面的话的时候，你可能会将认识的某些人对号到这些障碍的某些症状中，但是请记住，虽然一个人可能具有某种精神障碍的某些症状，但这并不一定意味着他患有这种障碍。所以别用人格障碍去诊断你的朋友们，否则你将成为一个朋友也留不住的人！

## 1. 反社会人格障碍

最为著名的人格障碍可能就是反社会人格障碍了。你可能听说过某个人被称为反社会的人，或者变态人格者——这是他们所涉及的障碍。具有反社会人格障碍的人不与他人联系或结交，他们是反社会的，可以没有任何自责和羞愧感地说谎、欺骗、偷盗和杀人，是社会中真正可怕的成员。

《精神障碍诊断和统计手册》中陈述道，诊断一个人具有反社会人格障碍，他必须具有以下行为问题中的至少3种，并且在童年具有类似问题的历史。

* 冲动并且不能提前计划。
* 不负责任并且不能执行义务。
* 再三地参与斗殴。
* 再三地触犯法律。
* 对于伤害他人不内疚或后悔。
* 不诚实。
* 不计后果地对待自己或他人的安全。

虽然具有反社会人格障碍的人可以不假思索地杀害一个孩子，但这并不意味着每一个具有这种障碍的人都是杀人犯，比起杀了你，一些人更愿意骗走你所有的钱。不在乎所犯的罪行，这一点是具有反社会人格障碍的人的特征。他们与他人没有任何联系，他们没有任何同情心和负罪感。这是十分可怕的，不是吗？

### 2. 自恋人格障碍

自恋人格障碍以极端的自私自利为特点。具有这种障碍的个体认为他们自己比其他任何人都优秀。他们期望所有人都对他们予以关注和宠爱，尽管他们很少甚至根本不会回馈这种关爱。他们自私自利到迷恋于自我的容貌、明智和力量之中的程度。简而言之，他们爱上了自己。

> **知识点击**
>
> 自恋来源于希腊神话中的那喀索斯。那喀索斯是一位漂亮的年轻人，有一天他看到了自己在水中的倒影，结果他是如此迷恋自己的形象以至于爱上了自己，根本不肯离开水边。最终，他变成了水仙花。

### 3. 边缘人格障碍

边缘人格障碍是一种患者具有一段不稳定关系历史的人格障碍——这一分钟关系是热情和强烈的，因为搭档是理想化的，但下一分钟关系就突然下降，因为搭档一下子变得渺小和没有价值了。具有边缘人格障碍的人常常具有自我破坏性，可能实施自杀。有时药物是他们生活的一部分。冲动也是这一障碍的特征，因为它是情绪不稳定的表现。

# 六、精神障碍的起因

现在我们已经对一些较常见的精神障碍有了进一步的了解，并且已经看到它们会对一个人的生活造成怎样的困难，那么你或许很想知道到底是什么引起了这些障碍。对此并没有一个简单和明确的答案。精神健康专家和学者们为了更好地了解和治疗这些障碍，一直都在潜心研究精神障碍的起因。让我们看看他们至今为止都发现了些什么。

## 1. 生物因素

　　一些人相信精神障碍仅是由于大脑或神经系统中的问题造成的。正如你所知道的那样，神经系统是一个精密且复杂的系统，那里无时无刻不在进行着维持我们肌体活性和正常功能的活动。如果大脑——神经系统的执行官——出现了任何一点损伤或异常，那么整个系统将会遭到重击，就可能导致某种精神障碍。例如，大脑中额叶前部皮质负责冲动控制和计划，如果这部分受到损伤，一个人就会变得易冲动以及不能进行事前计划，这正是精神分裂症的症状。

　　这些人还指出，精神障碍的一些生物因素是遗传的，对于特定的精神障碍，一些人比其他人更容易患上。例如，研究表明严重

**重要提示**

　　那些相信生物因素对精神障碍发作负有责任的学者已经对这一研究领域做出了很大的贡献，尤其在药物治疗方面。通过药物治疗有时候可以帮助患有精神障碍的人过上正常的生活。

抑郁通常是一种可遗传的精神障碍。还有，你以前肯定听说过，上瘾在一个人的生物化学性质上是原发性的，那些具有上瘾的基因素质的人更有可能沉溺于某种事物或习惯。

## 2. 心理因素

　　另一方面，一些人认为心理因素——比如外伤经历、过往冲突、父母对待孩子的方式等等——是精神障碍形成的原因。例如，外伤后压力障碍是外伤经历的结果，它是对于高度压力的过往事件做出的身体反应和应对机制。持这种观点的精神健康专家仅仅集中于外伤事件，以及它在帮助病人克服这一障碍的努力中产生的影响。另外，某些恐惧症也显示它们是心理因素的结果。例如，一个害怕数字13的人往往是由于社会环境和文化传统而患上了这种恐惧症。

### 3. 生物因素和心理因素共同作用

这个领域中的很多精神健康专家和学者认为精神障碍的起因是生物和心理因素相结合的共同体。例如，一个人可能对某种精神障碍具有基因素质，比如反社会人格障碍，但是精神障碍的发作是由一件心理事件引发的，比如被母亲抛弃。边缘人格障碍被认为是基于情绪调整系统出现的问题，因此患者体验的情绪比正常人更加强烈。因为像沮丧、悲痛或者愤怒的感情在小事情上的表达要有力得多，所以患有边缘人格障碍的人会引出这样的反应，比如"克服它"、"你并没有那么心烦意乱"或者"你只不过是想引起别人的关注"。正常儿童的父母常常教育他们的孩子如何自我平静以及如何处理感情，但是边缘人格障碍患者的父母本身就不具备处理多余－强烈情绪的能力。若干年后，患有边缘人格障碍的人学会了隐藏他们的感情——直到他们再也隐藏不了，那种痛苦简直是无法忍受的。这个时候他们就会伤害自己——然后开始再一次的循环。

正如前面陈述的那样，精神障碍的起因还在继续研究和探索之中，对其治疗的方法也在不断地进步。

第十六章

# 心理疗法以及治疗的途径

现在你已经熟悉了一些主要的精神障碍，下面让我们来看看一些针对它们的治疗方法。记住，随着新方法不断加入和老方法继续提高，治疗方法一直都在进化发展着。在本章当中，我们将会看到心理疗法和精神障碍治疗的生物途径。

## 一、心理分析与心理动力途径

心理分析是心理治疗的一种形式，临床医学家对病人的无意识状态进行深入研究，从而试图发现存在问题的内部根源。你可能已经知道了，弗洛伊德是心理分析之父。他相信，通过潜入一个人的梦和记忆，就能够接近那个人的无意识，并判断引发其心理问题的内在冲突。通过揭露问题的根源，病人就能够得到情绪的释放，从而从问题中解脱出来。

> **注 意**
>
> 考虑到在问题解决之前病人需要支付的多次咨询费用，运用自由联想的经典心理分析可能是十分昂贵的。很多人会因为开销的原因而放弃寻求治疗，当然这不是可利用的唯一治疗方式。

### 1. 自由联想

在这种治疗方式中，病人将会与他的临床医生进行许多次会面，谈论梦、感情以及进入脑海的任何事情。这样的一个场景常常可以看到：病人躺在沙发上，医生坐在病人旁边的椅子上记着笔记。随着病人一边自由地诉说，医生一边安静地坐着，记下病人所说的一切并努力将它们联系起来，找到无意识中的根源，这样的技术就被称为自由联想。

多次咨询是必需的，有时在医生能够深入到足够程度的无意识以促成情绪释放之前需要很长时间，甚至几年的咨询，当然，即使如此，情绪释放仍是不能保证的。由于我们的社会以"快速修复"为导向，目前这种治疗方式已经不流行了，但它仍然是一个人在寻求心理问题的帮助时最普通的描绘。

## 2. 心理动力治疗

现在已不经常实施弗洛伊德的经典心理分析了，但由它发展而来的其他治疗形式称为心理动力治疗，是目前更常用的治疗手段。在心理动力治疗中，临床医学家仍然试图深入研究病人的无意识，从而帮助病人发现和面对那些表现为某种精神障碍症状的内在冲突。但是，这种治疗形式更加具有结构性，对我们的"快速修复"理想而言更可接受。

通常临床医学家为他们的病人设定一套计划，限定将会进行的会面次数，并且设定想要完成的目标。医生也参与到会面中来，一般是引导病人讨论一个特定的话题或情绪，这一点与在经典心理分析中使用的自由联想手段具有很大不同。用这种方式会面，更加具有目标导向，并且集中于找到问题的解决方案，而不必完全反映病人生活中的非重要细节。

## 3. 转移

心理分析和心理动力途径都利用了"转移"，这是一个人的情绪转移到另一个人身上的过程，在这种情形下，另一个人就是临床医生。临床医生将对你投射到他身上的任何情绪都给予密切的关注，并且努力将这些感情和你生活中的情形与问题联系在一起。如果你开始对医生的其他病人嫉妒，医生就会开始深入研究近期你与他人的关系，寻找引发这种转移的内在冲突。或者，你的医生要去度假而不能按照常规的时间表与你进行会面，你为此而发怒，那么医生就会努力查明你在真实生活中是否曾经面对过拒绝或抛弃。"转移"是发掘那些过往冲突的一个途径，而那些过往冲突影响着你现在的生活。

# 二、药物途径

一些精神健康专家认为精神障碍是必须通过药物治疗的疾病。学者们已经开发了很多药物，它们正被用于治疗精神障碍的各种症状，从精神分裂症到抑郁症都有。然而，药物并不总是能够解决问题。这时，其他生物医学解决方案发展了起来，比如大脑外科手术或电击疗法。让我们先来看看用于治疗精神障碍的药物，因为它们是生物医学治疗的最普通方式。

## 1. 精神抑制药

精神抑制药是那些用于治疗精神病（比如精神分裂症）的药。这类药物从第一次使用到现在已经有很长一段历史了。早期的药物，比如氯丙嗪，可以帮助减轻精神障碍的症状，但是产生的作用有限，病人服用后仍然难以进行正常的日常生活。现今的精神抑制药在减少或消除幻觉、错觉以及兴奋方面疗效良好，让病人可以在医院之外过正常人的生活。诸如替马西泮一类的新药，甚至可以减低精神分裂症造成的感情淡漠以及社会隔绝。

> **知识点击**
>
> 经过研究发现，运用药物途径和心理治疗的结合疗法在一些精神障碍的治疗中取得了出色的成果。例如，在治疗抑郁症的时候，精神健康专家开出抗抑郁药的处方，同时安排病人进行心理治疗，这都是很常见的。

虽然精神抑制药对一些人效果神奇，但并不是对所有人都适用。每一个病例都需要在个体基础上加以分析。另外，这些药中的一部分会产生副作用，造成功能丧失，比如不能控制的颤抖或者运动控制的失调。

## 2. 抗抑郁药

抗抑郁药最常用于治疗抑郁。然而，一些较新的抗抑郁药对于治疗强迫症、某些恐惧症、部分焦虑障碍也是有效的。你至少应该听说过其中的一些，比如氟西丁、舍曲林或者帕罗西丁。人们已经发现抑郁症通常是大脑中化学失衡的结果，这些药物以纠正失衡为目标，由此减缓抑郁的症状。

不是所有的抗抑郁药在所有人身上都会产生相同的结果。例如，一些对舍曲林反应良好的人在服用帕罗西丁时可能疗效很小或没有改善。抗抑郁药也是有副作用的，虽然不像精神抑制药一样严重，这些副作用也是相当烦人的。普遍的副作用包括口干、恶心、头痛、疲惫、视觉模糊、增重、便秘以及性欲或性能力的减低。

**重要提示**

圣·约翰的麦芽汁是一种非处方草本药物，在欧洲已经广泛地应用在抑郁症治疗中。研究表明这种草药可以有效地治疗温和形式的抑郁症，并且不会产生像普通抗抑郁药一样的副作用。即使这样，如果你想要使用这种药，也请先咨询你的医生。

## 3．抗焦虑药

抗焦虑药用于焦虑障碍的治疗，比如恐慌障碍以及普通的焦虑障碍。抗焦虑药通常被称为镇静剂，这类药包括安定、氯氮䓬、赞安诺、克洛诺平以及抗焦虑药物阻滞剂。虽然这些药物对于那些经受恐慌发作扰乱其日常生活的人来说效果很好，但是它们也是相当危险的，因为它们非常容易使人上瘾。它们最好用于短期治疗，并且病人需要逐渐减小剂量从而避免戒断之苦和其他副作用。另外，对于抗抑郁药来说尤其要注意的是，不要将药物和酒精混用。这两者的结合会增加酒精的作用，可以达到使人在昏迷之中死亡的高危险程度。对于恐惧症，包括社会恐惧症、害怕飞行以及恐慌障碍，确实存在着极其有效的治疗方法。临床医生通过认知行为揭露－基础疗法，可以帮助相对短期但病情十分严重的病例。然而，这种疗法是剧烈和可怕的，并且要求病患的全力配合。

## 4．情绪安定药物

情绪安定药物就像它们的名字一样——它们的功效是稳定一个人的情绪，减少或消除极端情绪骤变。最普通的情绪安定药物是碳酸锂，通常用于治疗两极障碍。涉及锂的治疗需要谨慎操作，如果剂量过小，不会产生任何作用；如果剂量过大，这是致命的，服用锂的人必须接受定期的毒性检查。锂的另一个问题是会产生副作用，比如呕吐、腹泻、颤抖、癫痫发作甚至肾的损伤。锂作为一种有效的情绪障碍治疗药物已经有很长的历史了，此外还有另外几种用于治疗情绪障碍的药物，比如抗癫痫药物卡马西平和双丙戊酸钠。

## 5. 神经外科手术

神经外科手术是一种涉及破坏造成精神障碍的部分大脑的治疗方法，在今天已经不是十分普遍了，但是在以前它是一种流行的治疗方式。神经外科手术开始于 19 世纪 90 年代，一位医师移除了他的精神分裂症病人的部分脑。虽然一些病人确实在手术之后表现出较为平静的行为，但是另一些病人却死了。

**知识点击**

精神外科手术最初被用于治疗患有精神分裂症的病人。随着它在 20 世纪广受欢迎，精神外科手术被用于治疗更广泛领域的精神障碍，比如两极障碍、强迫症、病态暴力障碍，当然还有精神分裂症。

神经外科手术一度退出了历史的舞台，但是在 20 世纪 30 年代中期，当前脑叶白质切除术登上医学舞台的时候，神经外科手术复苏了。人们发现额叶和颞叶控制着攻击性和情绪行为。手术中，医生在病人头盖骨上钻孔，连接前额叶的神经被切断或者破坏。虽然这种手术确实减少了精神障碍的情绪症状，但是它也造成了大多数人某种程度的功能丧失，使得一些人不能制订和完成计划，一些人变得极度孤僻，还有一些人甚至再也不能照顾自己的起居生活。引人注目的是，这种手术持续了将近 20 年，并且实施在数万人身上。

在今天，人们已经不再实施这样的前脑叶白质切除术，最近有一种正在使用的神经外科手术新方法，脑扣带束切开术。脑扣带束切开术是指烧伤和损伤一小部分已知的参与情绪活动的脑组织。该手术被当作一种最终手段，治疗那些患有严重强迫症和严重抑郁症并且对药物或心理治疗没有反应的人。这一手术没有像之前的精神外科手术一样会造成功能丧失，虽然有很多人仍然质疑着那些关于成功的报道的可靠性。

## 6. 电惊厥疗法

电惊厥疗法（ECT）通常称为休克疗法，这是一种稍有争议的治疗方法，用于具有自杀倾向的严重抑郁症并且用药物及其他方式治疗无效的患者。电惊厥疗法是将两个电极分别置于病人头部的两侧，然后让电流穿过两个电极之间。电流引起身体大约 1 分钟的惊厥，并且使大脑中许多种类的神经传递素得到释放。若干年前，治疗中使用的电流较强而且持续时间较长，以至于有时候惊厥会造成骨折。现在，病人会服用麻醉和肌肉弛缓药，所以他们能够在睡眠中度过这种煎熬，而不会感到任何痛苦和肌肉挛缩。病人在大约 10 分钟后醒来，会感到头痛，但通常其副作用不会超过抗抑郁药物疗法。一些病人报告，在治疗的第二天会出现短暂的记忆丧失。虽然没有人能够肯定电惊厥疗法为何或是怎样起作用的，但是事实证明，电惊厥疗法对于 70% 接受治疗者都具有疗效。需要再次说明的是，这是一种备受争议的治疗手段，只有在病人不能等或者不愿意等上 6 ～ 8 个星期的抗抑郁药物起效期时，电惊厥疗法才会被使用。通常，电惊厥疗法需要相互间隔几天的多次治疗，之后还需要每月一次或者间隔更久的巩固治疗。

# 三、人文主义途径

人文主义途径的心理疗法信奉一种哲学：每个人都期望自己具有创造力，达成自我的目标，并且以一种健康的方式行事。我们掌控着自己的命运，在我们不断成长、改变和被外界因素影响的时候，我们始终要对自己的幸福负责。和心理分析家不同，人文主义的临床医学家并不努力找到影响人们今天生活的那些隐藏的或无意识的过往经历。相反，他们专注于眼前和现在，集中于目前的情形和问题，然后帮助患者（或者说是"顾客"，人文主义者更倾向于这么说）渡过难关，作出决定，并对决定感到满意。

最著名的人文主义治疗途径就是由卡尔·罗杰斯创立的以顾客为中心的治疗策略。在这种途径中，顾客是整个治疗过程中的焦点。顾客引导讨论，谈论手头的情况或者问题。临床医师的工作是积极地聆听顾客所说的话，并给予温暖和同情。顾客是他自己的感情专家，临床医师是将解答增强效果后反馈给顾客的传声结构板。临床医师必须时时刻刻以接受、赞同的态度聆听，不能有任何方式的审判，当然医师对顾客带来的信息做出真实、诚恳的反应也是相当重要的。以这样的方式，顾客能够建立起解决问题付诸行动所需要的自尊心和自信心。

# 四、认知－行为途径

心理疗法的认知－行为途径也聚焦于"眼前和现在"。他们不关心你的无意识中会储存或者不会储存什么，他们想要直切要点，采取行动，与那些扰乱你日常生活的行为作斗争。虽然从技术上来讲，认知疗法和行为疗法是两种不同的策略，但是由于两者具有相同的目标，那就是鉴别和改变有问题或自我损害的行为，所以它们通常被结合起来使用。大多数人相信思想和行为是相互依存的，因此将两种疗法结合使用在实践中是很常见的。下面让我们来分别看看这两种疗法。

> **注 意**
>
> 以顾客为中心的治疗基于卡尔·罗杰斯的"无条件积极看待"理论，在这种理论中，医生提供不附加任何条件的不断支持。顾客从得到的支持中体会到安全和放心，从而能够对自己的能力建立起信心，以最为有效的方式解决手头的问题。

## 1. 行为疗法

行为疗法集中于通过找到改变或停止行为的方法来应对问题本身，这种疗法基于第九章中提到的经典性和操作式条件反射的基本原理。运用行为疗法的临床医师会采用几种不同的行为治疗技术，这取决于针对患者的某种行为，哪种策略最为有效。

如果你患有恐惧症，行为疗法临床医师会考虑应用系统脱敏作用来帮助你克服这种恐惧。这一技术采用一系列步骤来帮助你对于恐惧的事物建立起一种积极的条件反射，最终使你能够自在放松地面对你的恐惧。例如，你极其怕狗，行为疗法临床医师会应用系统脱敏作用教给你如何放松，逐渐地你可以面对温和形式的恐惧，到后来可以面对最可怕的恐惧。在这种治疗中，你会从看可爱的小狗照片开始。一旦你可以从容地面对这些照片了，医生就会给你看体型较小的成年犬的照片，比如杰克·拉瑟短腿狗。之后转向中等体型的狗，比如博德牧羊犬。再之后，你将会看到大型的更凶猛的狗的图片，比如说罗特韦尔犬。接下来的步骤就是面对真实

**重要提示**

如果你具有某种自己认为应该寻求帮助的问题行为，那么最好为这种问题行为做一份记录。事实上，许多临床医师都会要求病人这样做。因为这样的记录能够鉴别病人的行为、行为的回报以及行为在何时何处发生。从这些记录中，临床医师能够获得一个良好的起点，从而建立起适当的治疗计划。

的狗了，当然是在一个安全的距离以外。最终目标是使你真正地与狗交流，从而击退你的恐惧并且告诉你不是所有的狗都是危险的。随着你的身体渐渐放松，所有这些步骤都被完成。换句话说，只有你在当前一步中感到舒适和放松，才能继续到下一步骤。

以恐治恐法和涌进疗法是两种行为疗法技术，治疗期间，病人必须正面面对他的问题。在以恐治恐法中，病人被要求想象或者观察一幅他所恐惧的事件或事物的图片———一遍又一遍地在安全环境中重复，直到恐惧再也不会左右病人为止。涌进疗法是一种将病人扔进他们最恐惧情形中的方法——比如让患有陌生环境恐惧症的病人骑车行进在熙攘的人行道上——当然过程中始终伴随着临床医师的保护，直至病人再也不会对相关情形感到惶恐和焦虑。这两种技术都集中于直接地暴露，取消了系统脱敏作用的初级阶段。这两种疗法的缺陷是如果病人不能承受暴露情形的强度，情况会变得更糟，恐惧会更加严重。多数临床医师会和系统脱敏作用相结合，如果实施恰当，这两种治疗通常都是非常有效的。

行为疗法中还包括技能训练，病人被要求在角色扮演的情形中实践某

个行为改变，从而为真实事件做准备；积极强化疗法，每当病人将问题行为向更期望的行为方向作出改变的时候，病人就会得到奖赏；厌恶疗法，在这种疗法中惩罚被用于改正问题行为，比如对病人实施电击惩罚。正如你所看到的那样，有若干形式的行为疗法可供临床医生选择，这取决于问题行为的严重性及其类型。

## 2. 认知疗法

认知疗法的前提是合理的、现实的、建设性的思想会减少或者完全杜绝问题行为的发生，这种疗法对于帮助减轻由扭曲思想造成的焦虑或抑郁非常有效。采用认知疗法的临床医师认为，在实施行为之前我们先要思考，如果能改变我们的思想，就能够改变我们的行为。

在认知疗法中使用的一种技术是合理情绪行为疗法，这是由艾伯特·埃利斯创建的，在这种疗法中，医师用理性的辩论来反驳病人的不现实信念或思想。无论病人是将事物过度概括还是灾难化，医师都会应用理性的思考来让病人看到他的思想为何是不合理的，为何会导致问题行为。

临床医师也会让病人运用理性辩论来使病人自己更好地理解非理性的或错误的信条。例如，病人被要求鉴别导致问题行为的思想，之后他再被要求从外界和客观的角度来看待那种思想，罗列出理性的论点，从而辩驳那种思想或信条。

无论临床医师认为哪种技术最为有效（通过理性辩论或者用证据来验证

### 心理学大考场

**什么是过度概括和灾难化？**

过度概括是指将一种思想或信条非理性地扩大到它根本影响不到的范围——例如，仅仅因为一个人犯了一个错误就认为这个人是个十恶不赦的魔鬼。灾难化是指将一个小问题膨胀，转变成一个无可逃脱的灾难——比如你在一次考试中没能取得理想的分数，就认为自己是个失败者，每个人都因此而憎恨你。

信条和思想），认知疗法聚焦于改变一种感情或行为的主张，即一个人必须改变导致行为的思维过程，这是一种在有机会影响病人生活之前就将问题拦截住的方法。

# 五、团体疗法

这里所提及的团体疗法是一种一次治疗两个以上病人的正式疗法，比如夫妇疗法或家庭疗法。当然除此之外还有几种非正式的团体疗法，通常以支持团体的形式运作，在支持团体中，成员都有相同类型的问题，讨论他们的个人经历并且帮助彼此找到解决方案或者轻松地应对改变行为所带来的挑战。这种团体会是一种非常有力的自助形式，因为一个

**知识点击**

对于团体疗法来说，并没有一个优先采用的治疗手段。一些医师可能利用心理动力手段，另一些医师或许采用认知－行为手段，还有一些医师更倾向于人文主义途径。无论采用何种手段，所有的团体疗法都具有一个共同之处：它们集中于单位，每个人都被当作单位中的一部分来对待。

人常常会遇到和他遭受同样问题的人们，他们能够从个人经历出发提供建议，这与仅仅能够从客观角度来理解问题的人是完全不同的。下面让我们来看看两种最为常见的正式团体治疗方法。

## 1.夫妇疗法

你是否曾经听说过"每个故事都有两面"？这也是夫妇疗法的信条。通常，如果一段关系正在经受着似乎永远无法解决的问题，那么只帮助搭档的一方是不足以修复这段关系的。因此，临床医师们更愿意关系双方都参与到解决问题的努力之中，然后帮助每一方在理性和正式的场合中了解对方的观点。

众所周知，关系总是存在着不可避免的冲突，关系的维持要求双方的共同努力，一个人不能承受所有的重量。这就是夫妇疗法起作用的地方，

因为临床医师在关系中不存在利益纠葛，他能够提供一种客观的观点，从而帮助清除责备和不理智，达到解决问题的核心。之后医师能够帮助夫妇双方共同努力，找到包容彼此不同之处或者解决冲突的方法。

## 2. 家庭疗法

有时候医师会建议整个家庭来就诊，以寻求帮助解决某一特殊问题的方法。许多人低估了家庭给一个人带来的影响和作用，家庭中一个成员的问题非常容易传染给其他成员，虽然影响方式不尽相同，但是影响是必然存在的。例如，一个十几岁少年的进食障碍不仅会影响他的同龄人，还会影响到父母和兄弟姐妹。父母之间的问题最明显地会导致孩子的行为不端，做好夫妻工作就会解决孩子的行为问题。有时，家庭中的力量结构发生了扭曲，孩子比父母更具有权力，这对于任何人而言都是不健康的。

临床医师会帮助每一个成员认识到问题是什么，并且发掘造成该问题的潜在原因。医师还会帮助家庭找到和完成那些在单位之内必须做出的改变，从而更好地解决手头的问题。家庭动力学通常是相当复杂的，而且它在家庭成员中如此根深蒂固，以至于有时候客观观点是必要的，只有这样才能帮助家庭作为一个单位在相同的行动过程中通力合作，最终面对和克服问题。

# 六、自助

大多数人都曾经经历过某种精神障碍的症状，这并不意味着我们患有精神障碍，生活中的一切不可能都尽善尽美。所有人都有必须应对的问题，有时候它们看起来是无法抵抗的。精神健康专家并不只是为了那些患有精神障碍的人预留的，任何人都能够利用他们的意见来渡过混沌时期。当然，这不是说如果你正在经受混沌时期，就必须寻求精神健康专家的帮助，有些事情你可以自己来做，自己帮助自己抗击精神健康的低潮。

## 1. 身体健康

如果你正在经历某种精神障碍的症状，比如丧失食欲、睡眠问题或者情绪剧变，在将其假设为一种精神健康问题之前先考虑一下你的身体健康。如果你最近总是感到疲倦，先看一下你的饮食习惯。你吃的是健康食品还是垃圾食品？你进食的频率是怎样的？适当的营养对你每天的感觉状态起着重要的作用。或许一直以来你总是漏掉了哪顿饭，得不到一天所需要的充足的能量。或者，你的能量来源可能都是高糖分食物，这会让你在"高能量"时期结束后感到加倍的低落和困乏。

一些症状可能是由身体问题或变化引起的。例如，你突然注意到自己的肌肉正在抽搐，这并不一定就代表你患有痉挛，可能你只是缺乏维生素。或者你最近非常易怒，原因可能是摄取咖啡因达到某种程度后造成了你的失眠，而失眠就会让你变得更加易怒。无论出现的是什么症状，先查看你的身体健康。最近你是否在饮食或运动上做出过任何改变？你是否同时经历着其他的症状？为了保持身体健康，你做过些什么呢？

> ### 注 意
> 有几种身体疾病和精神障碍具有相同的症状。在自我诊断为精神障碍之前，最好先拜访医生并做好检查。虽然你可能只是患了感冒，但是也可能患了什么致命的疾病。你了解自己的身体，如果有什么情况不对了，请务必寻求专业帮助。

## 2．与他人交谈

当生活的烦恼使你感到情绪低落，或者你正在面对一个看起来凭自己的力量无法解决的问题时，那么就去谋求你所信任的家人和朋友的帮助。有时候只是谈论一个问题也能更容易地看到答案。或者，如果你不能自己找到答案，你的知己可能会提出什么建议。你们两个甚至可以展开大脑风暴，列出所有可能的解答，通力合作从全面的角度来努力了解问题。不要害怕表露感情，将感情隐藏起来只会使压力增大，导致更多的问题出现。有时仅仅谈论一个问题都会让你得到情绪的释放，从而能够更加现实地看待问题并找到建设性的解决方法。

### 3. 改变

有时候"改变"常常是充满压力的，是不受欢迎的。然而，生活将我们"扔在"无时无刻不在改变的道路上，如果能够看到"改变"的积极方面，你就可以接受它并且更好地利用它。积极性为乐观主义打开了大门，让我们保持动力，使我们有勇气面对自己的恐惧。如果你发现自己面对着一个"改变"，那么就花点儿时间列出事情积极的方面或可能性，这样来改变你压力的焦点。

**重要提示**

你还可以将这种举动进一步发展，设定目标去争取那些积极的结果。通过处理这次的境遇，你会对自己掌控生活的能力变得更加自信，从而减少绝望的情绪和自我损害的态度。

### 4. 赞美你的独一无二

每个人都是独一无二的，无论我们怎样努力附和他人的想法或者怎样背叛这种附和。只要你能够明白这一点，将自己作为一个个体来接受，事情就会变得简单起来。通常我们会过于把他人看待我们的标准用于评价自身的价值，但事实上这些想法是没有坚固基础的。接受你自己，赞美你自己的独特之处，只会带来好处和积极的结果。而且，在我们接受自己的同时，接受他人也会变得更加容易。

扫码获取
更多资源

## 第十七章

# 关于你自己和他人的思考

社会心理学是一门研究个体如何与他人相互影响的学科，包括我们对他人有什么看法，以及当你身处他人周围时会如何行事。信条和态度塑造和歪曲了我们的感知，还常常会使我们的思维过程存有偏见。当决定了自己喜欢或厌恶谁，以及允许社会以何种程度影响我们的行为和感知的时候，信条和态度就开始起作用了。

## 一、人类是社会存在

作为人类，我们执行一定的思维过程，从而帮助塑造我们对人和社会情形的感知。首先，我们观察或收集数据（什么是信息）；其次，我们洞察共变（这一信息如何与其他信息产生联系）；第三，我们推断原因和结果（什么产生了信息）。虽然我们是在科学推理的直觉水平上操作这一过程的，但我们的态度和信条仍会影响我们的判断，正如本章的后面部分所陈述的一样。观察数据和洞察共变在这里会得到解释，但是推断原因和结果将在我们讨论行为解释的时候再进行说明。

### 1. 观察和收集数据

我们每天都会收集各种不同类型的信息，思维中最突出的就是那些栩栩如生的信息。研究显示，我们对于图形的、生动的信息比不生动信息更容易产生反应。即使是相同的信息，当它以更清晰的方式突现在我们的思维当中时，我们更可能被其影响。

大众传播媒体在这种数据收集中扮演着主要的角色，这对于我们的决策

165

可能是最具影响力的。相比一家新闻网站只是枯燥无味地报道一件堕胎案，简单地陈述"有更多的人相信，女性拥有选择的权利"，我们更可能会记住生动反映反堕胎游行的 2 秒钟的摄像镜头，而不是审判的具体结果。因此，我们会错误地得出以下结论：与支持行使选择权的民众相比，有更多的反堕胎主义者。

我们收集信息的另一种方法是建立自己的理论，尤其关系到诸如死刑、堕胎以及种族主义等话题时，理论常常会歪曲我们解释得到数据的方式，例如从电视或报纸上得到的数据。对于死刑持对立态度的两个人，就算阅读从正反两方分析论题的同一篇文章，他们仍会感到自己所持的观点在文章中得到了有力的支持，或者是受到了强烈的偏见。我们如何过滤信息还可以从图示和脚本中得到说明，这些内容我们将会在本章之后的部分讨论。

### 2. 洞察共变

当两个元素的改变彼此相关联的时候，它们就构成了一对所谓的相关量，比如高度和重量。在社交方面如何相互影响就部分涉及我们理解或误解这些关联的能力。例如，我们相信那些反堕胎主义者也会倾向于反对死刑。这些关联多次被假设，然而事实证明是不正确的。因此，讨伐刻板形象和有偏见判断的论点也逐渐发展了起来。

> **注 意**
>
> 那些不许孩子在电视机前花费过多时间的警告当然是有一些道理的。如果一个孩子在成长过程中看了太多的电视节目，那么他的社会现实感将会建立在从电视看来的情形之上。

# 二、信条与态度

我们倾向于在一个已知信条的基础上对一个人的信条和态度作出假设。假如你知道同事反对堕胎，那么你就会得出这样的结论：他同时主张枪支控制、反对死刑、吸食大麻应该被严格处罚。这种思维方式建立在认知一致性基础之上——我们总是努力在自己的信条和态度上保持一致，正如反映在行为一致性上的一样。

## 1. 信条和态度间的一致性

信条和态度间一致性的一种表现方式就是我们如何将事物合理化。如果我们相信某台电视机具有最佳的图像、色彩和声音，我们就会开始说服自己这些正是我们最为期待的品质。在相反的程度上，当我们认为这台电视机是可以接受的时候便产生了希望思维，我们会说服自己它具有我

们正在寻找的品质，而且确实是可以接受的。合理化和希望思维都显示了一个人为何能够影响另一个人，反过来，也解释了我们为何会在多少有些不现实的基础上感知事物。

## 2. 态度和行为间的一致性

态度是信条和情感的结合物，当面对社会压力时态度会受到影响。态度与行为不一致的一个例证是拉皮尔在 20 世纪 30 年代实施的"社会力量"研究。一名白人教授和一对中国年轻夫妇一起游历了美国。当时，美国社会对于亚洲人的偏见十分严重，并且没有法律禁止他们拒绝各种族旅客的住宿要求。3 个人在超过 200 个酒店、汽车旅馆和餐厅住宿或就餐，所有的酒店、餐厅，除一家以外，都毫无异议地为他们提供了服务。之后，调查者向这 3 个人拜访过的所有商家都发了一封信，询问他们是否愿意为一对中国夫妇提供服务。结果收到了 128 份答复，其中 92% 的回答是不愿意。总之，那些商家老板都展示了与他们实际信条完全不同的行为。

相似的，同龄人的压力也会引发与我们的信条不一致的行为。青少年通常为了"适应"而吸烟，为了遵照社会压力的苛求，而将他们的信条抛在一旁。虽然态度并不总能预告我们的行为，但是基于直接经历的态度可以影响行为。

例如，一个母亲死于肺癌的人会提倡在公共场所禁烟，并且参加每年的抗癌游行。

### 3. 认知不一致理论

正如态度可以影响行为一样，行为也会影响态度。里昂·费斯庭格的认知不一致理论主张：当我们的信条和态度彼此间或它们与行为之间相抵触的时候，我们就会改变行为或认知，从而产生不一致。这一理论本身对于预言那些反应与态度不一致性的行为具有相当的影响。以某种与态度相冲突的方式行事，会为了保持与行为的一致而造成改变态度的压力。

**重要提示**

当遇到某种特定情形的时候，我们经常会做出违背意愿的事情。也就是说我们的行为并非仅仅被我们的信条和态度所影响，同时也受制于来自社会的压力。

# 三、社会图示与脚本

之前的部分已经提到过，图示和脚本是一种收集数据的方式，它们使我们形成了确认自己每天的社会境况和相互关联的结论。然而，当新的信息被引入的时候，那些结论可以发生改变。

### 1. 图示

图示涉及储存在记忆中的众多认知结构，它们是真实世界中事件、事物以及关系的抽象代表。同时，图示是心理现象中认知理论的重要成分。示意过程是从你的记忆中提取与接收信息最为一致的图示的过程。

因为我们已经具有对于一种情形或一个人应该作出怎样反应的预存概念，所以我们接收的任何关于这一主题的新信息都会与已经存在的信息进行比较。图示和示意过程让我们存储和组织最相关及最显著的信息，这些信息会在需要出现的时候浮出水面。例如，当被通知将要会见某个性格外向的人时，你会自动地认为那个人是精力充沛、友好、温暖、讲话大声并且善于交际的。然后你就会在这些已经收集的图示的基础之上为自己准备这次会面。

## 2. 脚本

脚本是事件和社会相互作用的
图示或者抽象认知的表述。当你用
"你好吗"迎接一个人的时候，这个
脚本要求那个人回应"我很好，谢
谢"。如果说，图示是已收集的用于
形成对人印象的数据，那么脚本就
代表了我们对社会事件和相互作用
的数据。像之前那样迎接脚本有时候
会被误解，一个人可能会对他的生活是怎样
的不令人满意而滔滔不绝，其实开始提出这个问题
的人只是在等待一个逃离的机会！生日脚本告诉我们
应该按照某个方式穿着，按照某种方式行事，带上礼
物，期待着某种情形，比如一个生日蛋糕，然后吹灭
所有蜡烛。脚本打破了冰面，让我们更容易与不相识者开始交谈。

> **注 意**
>
> 虽然图示帮助我们轻松并快速地理解信息，但是它们还是有一个缺点：当你已经在适当的地方掌握了某个图示的信息，你会具有一种倾向，只关注那些与旧信息相符的新信息，而忽略那些与旧信息相悖或不符的新信息。

# 四、形成印象

虽然初印象确实很重要，但初印象之后收到的附加信息也会影响我们
对一个人的想法以及与其相处时的行为。利用优位作用，可以判断初印象
具有怎样的作用，以及它们对之后接收的新信息具有多大的影响。优位作
用是一种将初印象看重于稍后收到的信息的倾向（同样，在记忆试验中，
存在回忆起清单上开头词汇更易于之后词汇的倾向）。

在路臣的《说服中的陈述规则》（1957）一书中有下面一段话，读完这
段话，当我们对"吉姆"是怎样的一个人进行评价时，可以看到优位作用
具有显著的影响。

吉姆离开房子去采购一些文具，他和两个朋友一起走在洒满阳光的街
道上，边走边享受着太阳的温暖。吉姆走进一家文具店，里面挤满了人，
他一边等着售货员的招呼，一边和熟人闲谈。在走出商店时，他停下来与

一个刚进商店的同学聊天。离开商店，吉姆朝学校走去。在路上，他碰到了头天晚上经人介绍认识的那个女孩。他们小聊了一会儿，然后，吉姆去了学校。放学后，吉姆独自离开教室，开始了回家的漫长步行。街道布满了明媚的阳光，吉姆沿着街道有影子的一边走着。有个人沿着街道向他走过来，他看到这个人正是前一天晚上遇到的那个漂亮女孩。吉姆穿过街道，进了一家糖果店，商店里挤满了学生，他注意到这里有一些熟悉的面孔。吉姆安静地等着，直到服务员过来招呼。服务员给了他所点的东西。拿着自己的饮料，吉姆坐在一张靠墙的桌子边。喝完饮料，吉姆就回家了。

这段文字从中间分开，前后两部分采用了两种描述吉姆的方式。"放学后，吉姆独自离开教室"这句之前，吉姆是友好并且外向的。这句话之后，他被描绘成一个害羞、内向和不友好的人。在只读了前半部分文字的人当中，有95%的人认为吉姆是友好的，但是在只读了后半部分文字的人中，只有3%的人认为他是友好的。有趣的是，读了首先描写"不友好的吉姆"之后再阅读整段的话，只有18%的人认为他是友好的。这就显示了在我们对一个人形成综合看法时，初印象是何等重要。

# 五、理解你自己和他人的行为

在本章之前的部分中提到过，推断行为的起因和结果不仅能帮助我们理解他人的行为，也能帮助我们理解自己的行为。归因问题是指尝试推断某一特性行为的原因。区别性、一致性以及共同性是我们在判断行为原因和结果时运用的所有标准。

## 1. 区别性

早晨醒来，你的鼻子不停地流着鼻涕，你向窗外望去，发现花园里的花都开了，因此你会推断是这些花造成了你流鼻涕。为了检验这种推断，你离开花所在的地方看自己是否仍有流鼻涕的症状。如果症状仍然存在，你会作出判断，花并不是流鼻涕的起因。在这件事上，你就应用了区别性的标准来判断问题的起因。

## 2．一致性与共同性

如果你最近几年流鼻涕的症状总是在每年大致相同的时间出现，那么你就会认为花无可置疑地就是罪魁祸首。如果事情是第一次发生，那么一致性原则就不适用了，因为以前从来没有发生过相同的情况。你会打电话给医生，询问这是怎么回事，医生解释说已有很多人抱怨过相同的症状，这是每年花季都很常见的情况，因此你并不是唯一一个处于这种窘境的人（其他人也对同样的刺激做出了反应），这就是共同性。

我们运用相同的标准，努力判断和理解他人的行为。一位朋友告诉我们她刚去过的那家中国餐馆里食物很好吃，我们必须判断这位朋友所说的好吃是不是因为食物真的很好吃，或许只是因为这位朋友对中国菜有特殊的偏好，又或许是因为当时的社交场景——例如，那天是她的生日，每个人的兴致都很高，一切都那么美妙。因此，在努力解释他人的行为时，我们应该首先考察事情为什么会发生，以及是什么造成了事情的发生。

## 3．自我感知

自我感知理论的主要论点是，我们对自己作出相同的判断，运用相同的程序，并且犯相同的错误，就像我们判断别人时那样。当一名运动员称赞某种产品的时候，我们想知道他是否使用过这个产品，并且将消费者的利益放在首位，还是该运动员只是想借助这种方式获得财富和宣传效益？我们常常以同样的方式看待自己的信条和态度。会买那件衬衫是因为它正在降价还是因为你真的喜欢？

下面是一个诱发顺从的试验，用以说明我们是如何理解自己的行为的。大学生们有偿地进入一个房间，每次一人，做重复性的、枯燥无味的工作1小时。在完成任务之后，一些学生被付给1美元，让他们告诉下面的学生任务是很好玩和有趣的，而另一些学生被付给20美元来讲述同样的事情。只得到1美元的那些被试者讲述说，事实上他们享受完成任务的过程。而得到20美元的那些学生并没有获得比起对照组学生更多的愉快感。

依据自我感知理论，学生们必须质问自己为什么会说任务是好玩和有趣的呢？排在后头的学生看到前面一个学生得到了20美元，然后说任务是有趣的，因此他会设想每一个说任务有趣的人都会得到那样一笔钱。另一方面，看到前面的人得到 1 美元的学生会假定，他必定是真的享受任务的过程，如果完成任务只能得到 1 美元的话。

# 六、刻板形象与偏见

在本章前面的部分中，我们已经看到，初印象通常会招来基于某人之前的判断。这基于我们的信条和态度，甚至基于我们自己的行为。性别、种族、政治立场以及个性都造成了我们评判他人的刻板形象。

有一种刻板形象是自我实现刻板形象。当图示过程使我们创造出一个人的刻板形象时，并不总是带有坏的意图。缺乏经验，既包括社会经验也包括偶得经验，会常常导致缺乏信息的结果——为了形成我们对一个人的印象需要处理很多信息。

当与被刻板评价的人或群体产生互动时，为了自我永恒和自我实现这些刻板形象，我们就会对他们存有成见，也就是刻板评价。一些白种人身处黑种人周围的时候就会感到不自在，这是因为他们相信黑人对白人存在敌意。因此，那些与黑人打交道的白人会躲藏在极不真实也不正确的成见之后，从而证明他自己的不自在是合理的。但是由于他对黑人的预想观念，这种不自在似乎更加明显。

研究显示，对于引人注目的人物和不受关注的人物我们的反应是大相径庭的。如果对于一个引人注目人物的刻板形象让一个人相信他们刚遇到的这个人是善于交际、值得信赖、友善、和蔼并且风趣的，那么对于这个人的反应就会基于积极的方向。但是，由于我们对瞩目人物怀有偏见的态度，我们很可能会对事实视而不见。

## 知识点击

刻板形象也被称为绝对个性理论，因为从本质上来说，刻板形象就是小范围的共变理论，也就是一组特性或行为跟随另一组特性和行为的变化。例如，同性恋男子常常被认为是富有女性气质的，但事实上，仅有一部分同性恋男子女人气，同时，一部分异性恋男子也是女人气的。

## 第十八章

# 社会的相互影响与人际关系行为

现在我们已经对自己的情绪、动机、行为以及思维过程有所了解了，下面来看看我们如何将所有这些整合并使其与他人发生联系——例如建立友谊、发展关系以及恋爱。另外，我们还将探讨行为作为社交功能的对立面在社会中如何得到区分。

## 一、那个人与那种情形

洞察我们怎样和为何与他人产生联系的一个途径就是观察周围的人以及我们所处的社会如何影响我们的行为。例如，当你过了很糟糕的一天后心情很差，那你怎么还能够发掘自身彬彬有礼、举止文雅的一面，友善地对待老板、店员或者同事呢？其中的一个缘由就取决于你希望他们怎样看待你，以及想要他们在多大程度上接受你。

老板有一个明显的使你小心翼翼的理由——他不是你想要整天凶眼相对的家伙，因为他掌握你的升迁之路！同样，你知道店员和同事与你的坏心情一点儿关系都没有，所以你以希望被回馈的态度对待他们。另外有些处在这种情形下的人不关心他们的坏心情是否放错了地方，他们会将之发泄在错误的人身上。在特殊的时刻，他们并不思考旁人怎样看待自己。正如我们即将看到的，只需要一个人就会使我们不能集中精力于自己的任务，扰乱我们的

**重要提示**

其他与社会助长相关的试验已经在一些动物身上实施了。在科学期刊《心理动物学》(1937) 中，S. C.陈详细描述了蚂蚁在集体工作时比它们单独工作时速度更快的情形。

思路，让我们的行为方式不能代表真正的自己。

## 1. 另一个人的出现

1897 年，为了研究当另一人出现时一个人怎样反应，心理学家诺曼·崔普里特设计了一个测试"合作"的实验，当孩子独自待在房间时和当另一个人进入房间时，让他们分别转动钓竿转轮（合作是一个用于描述个体在一起如何相互影响的术语。在这个实验中，它描述了两个孩子完成相同任务的行为），这时，你可观察到他们转动的速度是不同的。

在这次研究中，崔普里特让两个孩子待在同一个房间里，然后都给他们布置了转动钓竿转轮的任务。他监控孩子们工作的快慢，并将这些结果与孩子们分别独自待在房间进行相同任务时的工作速度相比较，发现孩子们在合作的时候比单独工作时更加迅速。心理学家之后跟随着崔普里特的脚步实施了相似的实验，测试一个人在一群人或观众面前会如何表现，事实证明了相同的结果。同时，合作分支和观众效应在术语上被称为"社会助长"。

## 2. 我看见了；我做了

虽然我们被更努力工作的压力影响着，虽然当另一个人执行与我相同的任务时我们会付出更多的努力，但是当我们看到别人伸出援助之手时也会促使我们的思想发生变化，为处于危难之中的他人提供帮助。

> ### 注 意
>
> 在社会情形中，旁观者的同情心是很普遍的。引人注目的是，群体的大小可以影响一个人是否会采取行动，这种影响甚至超过了这个人本身的典型态度或行为。群体越大，一个人贡献的可能性就越小，因为他会假设周围有足够多的人，肯定会有其他人行动的。

我们怎样解释环境是我们是否会贡献服务的一个关键因素。例如，看到有人睡在人行道和公园长椅上已经变得如此稀松平常，以至于我们只是假设那个人无家可归，在任何地点任何时间都会抓住机会小憩一下。如果有人停下来看看那个人是不是真的在睡觉，是不是病得很严重而需要照顾，或者是不是死了，这看起来就会十分稀奇。

但是，只是走过，不理睬那些睡在公共场所的人，这样是不是就"万事大吉"了呢？"多元无知"这个术语可以帮助回答这个问题。多元无知描述了一种思维状态，处于群体当中的个体以群体中其他个体的行为作为行动的暗示。例如，如果看到其他人都对有人睡在人行道上反应平静，而没有人提供帮助，那么这一情形必定不是一个紧急事件，因此不需要我们的帮忙。

### 3. 责任的扩散

因为大多数人倾向于将他人视为行动的榜样，所以就会发生责任的扩散。责任的扩散发生在一群人目睹了相同的紧急事件，但是一些人因为另一些在场而没有提供帮助的人，反而限制了他们的行动——"其他人会提供帮助的，因此我不需要行动。"

在罗森塔尔的《心理学报告》（1964）一书中叙述了谋杀基蒂·吉诺维斯的过程：她在纽约城自己房子前遭到袭击，由于她的抵抗，整个过程持续的时间超过半个小时。大约有40个邻居听到了她的喊叫，但是没有一个人试图去帮助她，甚至只是报警。在多元无知中，观察到一个人的行为影响了另一个人的行为。与此不同，因为邻居不能看到他人的反应而发生了责任的扩散，没有人采取行动，因为他们想"别人会去处理的。"

# 二、顺从

不改变我们的真实信条而让步于他人的愿望，这就将我们置身于顺从的情形。你相信史密斯奶奶牌的苹果做出来的苹果派更好吃，但是你的婆婆认为红色美味牌的做出来的派更好。你同意用红色美味牌苹果制作派，但是你仍然相信史密斯奶奶牌的苹果更可口。虽然你服从婆婆的要求,但是你没有放弃自己在这件事情上的看法。

反抗常常发生在一个人没有任何一个选择有利的时候。例如,要么选择符合眼前的决定,要么顺从主要势力,那么一个人会两个都不选,作为反对整个情形的反抗行动。

强尼的选择是:要么去上学,必须听老师的话和参加课堂讨论;要么待在家里,和他酗酒成性整天对他大吼大叫的老爸在一起。两种选择强尼都不喜欢,于是他决定反抗,既不去上学也不留在家里。结果,他一整天都和几个小伙伴在一起,沿着河岸闲逛。

# 三、从众与同龄人压力

我们将要探讨的一类顺从叫作从众。在同龄人压力中,可以更好地解释从众。尤其是当大批人群持有相同的观点和信条时,如果我们的观点和信条与其他同龄人不同,那么身处这种境况而感到不舒服是没什么奇怪的。在还是孩子的时候,我们就知道吸烟对健康有害,如果被父母抓到我们吸烟那必定是自找麻烦,但是当我们在朋友圈中的时候,每个人都在吸烟,那么情况又会是怎么样的呢?一切都太诱人了而我们不能不屈从于这种来自同龄人的压力。我们会争论吸烟造成的各种各样的疾病,但我们的朋友会反驳说:"就一根不会起什么坏作用。"我们是顺从,还是坚持自我?其他每个人都认为没关系,那么事情就肯定没问题。另外,如果我们不顺从,朋友会认为我们是胆小鬼,不是吗?

这种思维方式可以应用于绝大部分群体情形——即使是在成年人中。想想那些陪审员,他们被赋予决定他人命运的艰巨任务——无辜或是有罪。如果 11 名陪审员都判定有罪而第 12 个陪审员不同意,

**重要提示**

下次当你面对同龄人压力的情形时,首先要想到对自己的行为要负的责任。如果将坏行为可以归咎于同龄人压力的想法从你的脑袋中清除掉,知道除了你自己之外没有任何人该受到责备,那么你就没那么容易向同龄人的压力投降。

那么他会在顺从其他人判决之前坚持多久呢？很可能他会简单地顺从其他陪审员，因为他不认为他们会考虑他的立场，既然"双方力量"是如此悬殊。

在吸烟和审判两个例子中，个体必须重新评价他已经形成观点的信息。成长中的一部分是学习怎样区分你所相信的，别人要你相信的，以及你是多么渴望理解别人的想法。作为成年人这些并没有变得简单，在任何特定时刻我们都要面对所有可供给的信息，它们来自媒体和互联网。为了形成坚定、成熟的选择、信念和观点，我们被强制着一直不断地重新评估海量的信息。虽然"大多数决定原则"在绝大部分情况下都适用，但是当你发现自己不赞同普遍观点时你就踏上了一条不平坦的道路。

# 四、服从

服从于权威是我们所有人每天都经历的事情。赋税、为了赚钱而工作、考取驾照、遵守公共场所制定的规定等等，这些只是我们服从于更高阶层的一部分例子。正如孩子服从老师一样，老师在课程上遵循校长制定的规定也同样重要。这里有4个要素——社会标准、监督、缓冲以及认证原则——帮助判断什么引起了我们的服从（或者不服从）。

· **社会标准**——这些是已经建立的规则，由社会、政府或其他权力组织授权，令个体人当作常规准则遵守。

· **监督**——当建立准则和规章的授权人不在周围执行这些准则和规章时，它们不能总是被遵守。然而，当授权人在场时，服从水平就会上升，人们为了显示出这些规矩被严格地遵守着而不遗余力。

· **缓冲**——缓冲是一种装置或机构，允许服从或不服从发生得更加轻松。例如，警卫合上连接电椅的电闸时会发现这样服从他上司的命令会比较容易，因为他与注定要遭受厄运的罪犯并没有任何真正的接触。

· **认证原则**——警卫可能认为杀死另一个人是不正确的，但是他的职责被其上司的理想所认证——这个人犯了非人性的罪状，因此必须被处死，警卫毫无疑问地相信要遵照上级的命令。

# 五、友谊和浪漫关系

我们以各种方式，在各种水平上被他人吸引着：相识、友谊、亲密关系以及家族联结。虽然我们不能选择自己的家庭，但我们可以选择我们的朋友和生活伴侣。我们怎样以及为何选择他们？下面我们将通过身体吸引和爱的途径进行考察。

## 1. 身体吸引

初印象、刻板形象和行为都是被一个人的身体外貌所影响的。无论我们是否愿意相信，一个人的外表首先产生价值。一旦我们跨越了表面，深入到定义一个人的神秘领域时，外表的重要性就显得次要了。但是为什么外表更有魅力的人似乎会得到更多的关注呢？

我们或许从下面的实验中可以找到一种解释。向一组男性大学生展示一部塑造几名年轻、吸引人的女郎的电视节目。相似的，向另一组展示一张极有魅力的漂亮女性的照片。在观看电视节目、被展示过漂亮女性照片之后，再向这两组人展示一张长相一般的女性照片。两组人都会对这位长相一般的女性的吸引力水平给出较低评价。

这个实验的结果证明了我们对于美丽的标准已被提升到了如此高的位置，以至于识别和欣赏普通美丽变得十分困难。如果两组人在看到极其漂亮的女性形象之前看到那张一般相貌的女性照片，他们会给出相对较高的评价。因此，我们心中美丽的"化身"是我们在电视上看到的女性，那是我们比较世上其余一切事物的标准。这就使我们对待有魅力的

> ### 知识点击
>
> 害羞的人在接近善于社交、外向的人时会有一段困难时期，但是接近其他害羞的人会很容易。这是一个期待值理论的例子。例如，一个在学校里被排挤的学生想要邀请别人参加舞会，他（她）是不会去问最受欢迎的男孩或女孩的，因为很可能会被拒绝。然而，这个被排挤者会去邀请和他在一起感到"安全"的人，比如另一个被排挤者，因为这样他不太可能被拒绝。

人物更好些，因为他们表现了我们理想中的美丽，因此我们假定他们具备我们所钦佩的所有内在素质。

## 2. 喜好

发现与同事、邻居或同学的共同之处是建立关系的最容易方式之一。和喜欢做相同事情的人成为朋友会使生活更加有趣，也为我们赏识他们的不同之处敞开了大门。

## 3. 爱

一旦我们建立了友谊，一段严肃的爱情关系的开始只是一个时间问题。当经历更深入的交流时，隐私就在更大程度上被共享了。更强烈的感情出现，更多的隐私处于丧失的危险中。虽然每个人有他自己对于爱的定义，对于是什么使一个人爱上另一个人有着自己的看法，但是身体吸引、喜好和隐私的恰当组合往往会获得成功。

**注 意**

批评家们认为并没有什么无私行为，因此纯粹形式的利他主义并不存在。他们认为施予者从"无私行为"中获得这种或那种形式的快乐，所以施予者得到了奖赏，那么这种行为也就不再是无私的了。

对于罗曼蒂克的爱情，男性和女性似乎持有相同的观点。在 1976 年实施的一次研究中，86% 的男性和 80% 的女性认为，如果他们不觉得与伴侣是相爱的，那么婚姻就决不会在考虑之中。

# 六、利他主义

利他主义通常被看作是一种善意的随机行为，施予者期望从另一个人的利益出发做出一种无私的行为（有时候是有生命危险的），甚至施予者根本就不认识这个人。生物社会学的创始人爱德华·威尔逊（1929～　）主张人类中体现的利他主义与其他动物的类似，就像母兽会冒着生命危险去救它的后代，根本上是去救它的基因。人类忠诚于家族血统，很多英雄主义的行为可以体现在我们自己的战士身上，他们每天以不计其数的方式冒着生命危险去保护祖国同胞。另一方面，这种英雄主义的批评家相信他们这样做是为了捍卫自己的文化和宗教信仰，以及他们的荣誉。

那么利他主义是怎样定义的呢？一般有两种指导性的定义。生物利他主义，从另一个人的利益出发，为了挽救那个人的生命而做出无私的行为，即使你自己的生命会处于危险之中——例如，为了营救困在水流中的某个人而跳入湍急的河水。心理利他主义，从另一人的利益出发，虽然不会得到任何形式的奖赏仍作出无私的行为——例如，在地铁中将自己的位子让给另一个人坐，尽管你知道站在拥挤的车厢里会非常不舒服。无论你选择哪种定义利他主义的方式，它都是社会心理学家至今仍然无法说明的一种现象。

# 七、侵略性及其起因

侵略性是生活中随处可见的一种行为。事实上，它是我们与动物王国中其他生物共有的定义性特征之一。不要与鹰杀死老鼠当作食物混为一谈，侵略性是当动物感到威胁、挑战或者需要刻不容缓地保卫其领地时，在其他动物面前表现出的敌意行为。

虽然动物中侵略性的起因主要是食物供应、占领势力范围以及统治地位，但是人类通常表现出侵略性行为是为了另一种形式的领地——个人空间。想想一对小姐弟争吵不休的场景，姐姐想要独处，小家伙不肯离开他十几岁的姐姐，他当然就不会离开她的房间了！或者回忆一下这样的场景，一个熟人在跟你谈话时身体靠得太近，这样使你感到过于拥挤以至于不得不向后倒退几步。

当然，人类会对威胁到他们孩子安危

## 重要提示

并不是所有的动物都为了捕食而进行攻击。鸟儿聚集在一起抵抗入侵者，这叫作聚众围攻，在这种情形下，充满侵略性的鸟儿排列成群从而向虎视眈眈的入侵者发出响亮和清晰的信号。

的任何人或任何事物作出侵略性的行为。但是当银行混战带来财政危机时，或当新买来的昂贵器具才过了几天就不能正常使用时，事情在所涉及的双方间就会变得相当激烈。因此，人类不仅需要保护他们的个人空间以及他们孩子的安全，当问题涉及他们辛苦赚来的经济财富（或者缺少财富）时，人类也会非常易怒。

# 八、群体精神

认同一个群体是采纳其信条、态度和标准的过程，同时我们遵守它的规章和制度，努力和其他人接近，并感到成为比个体的私人生活更大的一部分范围。换句话说，它使我们感到归属感。我们属于一个国家、一个省、一座城市、一个村落、一个社区、一个家庭、一个信贷协会、一个运动社、一家艺术俱乐部等等。每个群体帮助定义了

**知识点击**

我们所认同的群体也被称为参考群体，因为当需要理解自己的观点和分析自己的行为或对情形的反应时，我们就会参考它们。

我们是谁，并且开发了我们的天赋和美德，反过来我们也帮助定义了群体本身。这种共生关系滋养了我们的精神，并给了我们一种社会感。

群体的重要性开始于少年时期。来自群体的孩子们在他们的班级和社团中，发展坚强的个性，学习绽放他们自信的技能，并且结交可能维持终生的朋友。下面是关于美国男孩女孩俱乐部的一些事实：

* 据估计，有 360 万男孩和女孩属于该俱乐部。

* 共有 3300 个俱乐部遍及美国。

* 除了美国的 50 个州之外，还有部分俱乐部位于波多黎各、维京群岛和军事基地（本土的和国际的）。

* 该俱乐部拥有引以为豪的大约 4 万名专家组成的师资队伍。

当和他人产生联系的时候，我们就能够认证自己的信念和行动，虽然那种认证并不是必需的。人类依赖于和他人的相互作用，这是为了学习他们所处的环境，也是为了完善自我。

第十九章

# 人的发育：从受精到出生

发展心理学能帮助我们了解发生在人类生活中的身体、感知和社会变化。人类开始于两个细胞的结合，结束于生长完全。毋庸置疑，一个人的发育是复杂的。在本章中，我们将从人类的生物发育开始，进而深入到婴儿的心理发展。

## 一、基因、配子与受精

众所周知，两个细胞的结合，特指卵子和精子的结合，产生了 9 个月后的婴儿，这一受精过程对于了解人的发育而言是非常复杂和重要的。如前所述，受精开始于一个卵细胞和一个精子细胞，或者称为配子的融合。从出生开始，每个女性就拥有她将终生使用的所有未成熟卵子。男性从青春期开始产生精子（大约每秒钟 1000 个，但是这种速率随着男性年龄的增长而减慢）。

每次射精平均释放 20 亿到 60 亿个精子，但是只有极少的精子能够真正遇到卵子，形成一个受精卵（或者说一个受精的单细胞卵子，人类的最初形式）只需要一个精子。只要一颗幸运的精子使用消化酶通过卵子的表面，开始穿透卵细胞胶状外衣，卵子就变得具有防御性了，卵细胞的表面就会变硬以阻挡其他精子的穿入。

**重要提示**

虽然女性出生时就拥有她所有的卵子，但这些卵子并不都会发育成熟。大约 5000 个卵子中只有 1 个会发育成熟。当 1 个卵子成熟时，它就能够产生后代。

### 1. 细胞分裂

受精卵一旦形成，细胞就进入了分裂阶

段。第一次分裂叫作有丝分裂。在有丝分裂期间，受精卵分裂成 2 个相同的子细胞。之后，细胞开始另一种形式的分裂，叫作减数分裂。减数分裂产生 4 个子细胞，每个子细胞包含原母细胞一半的染色体。减数分裂对于代与代之间保持染色体数目的一致具有重要意义。分裂将继续进行，以形成人类的开始。细胞移动，或者迁徙到与其他细胞的相对位置形成了胚胎的最初形状，这种迁徙被称为形态发生。

## 2. 基因密码

每一个配子（卵子和精子）有 23 条染色体，当人发育完全时将具有 46 条染色体。你的基因位于你的染色体上，它是染色体的一小段，是编辑蛋白质中氨基酸特殊序列的密码。每个密码都是不同和十分复杂的，从而产生了许多不同的性状。

**注 意**

我们知道一些疾病是显性的或者隐性的。例如，纤维神经瘤和亨廷顿综合征已知是显性障碍，囊肿性纤维化和苯丙酮酸尿症（PKU）已知是隐性的。

大多数人都了解基因是遗传性状的传递者。基因可以影响着你出生时是否带有大耳垂、雀斑或者额头的 V 型发尖。基因是传递给后代的遗传密码。性状由你的基因型决定（或者说基因对应某一特殊性状），性状可能是显性的也可能是隐性的。根据你从父母那里接收的染色体上的等位基因，从而决定你的样貌。如果母亲给了你额头 V 型发尖的显性等位基因，我们称为 W，父亲给了你隐性等位基因 w，你将会生而享有 Ww，然后确实带有额头的 V 型发尖，因为显性性状决定你的样貌。

遗传性状的比率可以通过棋盘法来计算。棋盘法是表现型（一个人基因型决定的外表样貌）比率的预告。一些障碍也能够遗传，比如精神分裂症和纤维神经瘤（又称为雷克林豪森综合征）。一些人尝试利用其他家庭成员的等位基因来判断孩子会长成怎样（有病或无病）。

# 二、胚胎期

胚胎期从受精开始持续到第三个月的开端。在形态发生改变之后，人类个体之间开始产生显著的差异。细胞开始承担特殊的作用和结构，这一过程叫作分化。子细胞的实际大小第一次出现增长，在此之前，分裂得到的细胞都不会比母细胞大，因此大小上没有增长。

## 1. 发育

细胞开始发育成为几层：上层是外胚层，中层是中胚层，下层为内胚层。每一层继续发育直至形成身体的不同部分。具体来说，外胚层变成神经系统和皮肤；中胚层形成肌肉、循环系统和结缔组织。最后，内胚层变为消化道和呼吸道的内层。

> **知识点击**
>
> 胚胎期对母亲的影响是显著的。在这一时期，母亲会经历呕吐、疲惫和没有食欲等妊娠反应。这时子宫从鸡蛋大小变为比橘子略大，能够感觉到位于耻骨之上。

同时，胚胎外膜也开始发育。最广为人知的胚胎外膜就是羊膜（人们对婴儿在其中发育的羊水更加熟悉）。另一种胚胎外膜是卵黄囊，这是血红细胞开始形成的地方。当胚胎完全被植入子宫壁，胎盘也就开始形成了。这里是胎儿和母亲的血液交换营养、气体和废物的地方。脐带开始在胎盘中发挥作用，它起到将胎儿连接在胎盘上的重要作用。

至此为止，胎儿也已经发育出一套循环系统，然而，它与成年人的循环系统还稍有不同，因为血液不经过暂时不用的肺部。另外，诸如脊髓和心脏等器官也已经开始发育。

## 2. 身体外貌

在第一个月的末期，胚胎仍然还有一条尾巴，但是胳膊和腿的发育使它看起来更接近于人类。到第二个月末和胚胎期的末期，胚胎的尾巴已经消失，并发育出手指和脚趾，更加清晰的鼻子、眼睛和耳朵以及所有的主要器官。心脏开始跳动，骨骼开始代替软骨。

# 三、胎儿期

胎儿期从妊娠的第三个月一直持续到第九个月。胎儿现在看起来更像人类了，每天都长得更加接近婴儿的样子。身体的生长开始加速，从而追赶上已经发育完成的头部（从胚胎期开始）的大小。表皮（皮肤的外层）开始变得光滑，长出了睫毛、眉毛、头发和指甲。

## 1. 每月的细目分类

在妊娠的第三个月期间，性别就可以辨别了。到第四个月，胎儿开始看起来更像人类。从第五个月开始，母亲能够感到胎儿的运动。到第七个月的末期，胎儿重量大约为 1.35 千克，他的眼睛是张开的。接近胎儿期的结束，胎儿开始转换姿势，使他的头部接近母亲的子宫颈。如果这一转换没有完全完成，婴儿很可能就要通过剖腹产术才能出生。皮下脂肪的积累使胎儿的重量上升，到第九个月结束时他应该重达 3.15 千克左右。

## 2. 分娩时间

婴儿在受精的 6 或 7 个月后就能够出生，然而，他的生存可能性要比足月婴儿差，很大程度上这是因为其肺部还没有充分发育。这时出生的婴儿也缺少 II 型肺泡细胞分泌的一种磷脂类混合物（它能够形成一层膜以避免肺部

**心理学大考场**

**什么是剖腹产术？**

剖腹产术是一种在子宫上切开一道切口的医疗程序，从那里婴儿被分娩出来。这让婴儿避免了脚先经过子宫颈，因为那样对其生存是危险的。

脆弱的内层与空气直接接触），这增加了呼吸窘迫综合征或肺萎陷导致的生命危险。

# 四、出生过程

人类生命和发育中最令人敬畏的过程之一就是出生的奇迹。受精之后的 9 个月，婴儿充分地发育，为迎接世界做好准备。当到了胎儿从子宫排出的时候，男性激素释放到血液中，前列腺素和后叶催产素的产生引起子宫收缩，迫使婴儿离开母体。

与人们普遍相信的相反，收缩的发生可能贯穿整个妊娠过程。典型的收缩每隔 15～20 分钟就发生一次，持续大约 20～

**重要提示**

有时候需要施行外阴切开术，因为女性的阴道不能扩张到足以使婴儿头部通过的程度。外阴切开术通过切口拓宽阴道从而使婴儿的头部通过。切口避免了脆弱组织的撕裂并且控制了失血。

30 秒。真正分娩阵痛的开始以收缩为标志，这时的收缩规律地每 15～20 分钟发生一次，每次持续 40 秒钟或者更长时间。

描述人类出生的科学词汇是分娩，也就是阵痛和胎儿出生发生的阶段。婴儿向下移动时，子宫颈消失只留下很薄的子宫颈外口，这一过程称为消失。分娩的第一阶段在子宫颈已经完全消失或膨胀时完成。在分娩的第二阶段，子宫每 1～2 分钟收缩一次，每次持续大约 60 秒。这一阶段当婴儿的头部沿母亲阴道通过时，母亲就要经受巨大的痛苦。

一旦婴儿头部露出并且呼吸正常，医生就会剪断脐带并将其打结。第三阶段在婴儿被分娩后的大致 15 分钟之后，胎盘（或胞衣）从母亲身体上脱落。胎盘脱落使分娩的最后阶段得以完成。

# 五、母亲健康及营养

当孩子只能依靠母亲的时候，孕妇有很多事情要担心。除了母亲的专心照顾，胎儿没有其他维持其健康的方法。孕妇不仅必须照顾孩子的健康也必须照顾她自己的。如果她让自己的健康坏下来，她的孩子就不可避免地将遭到伤害。

当人们想到一个孕妇的时候，最先进入脑海的事情就是我们都有所听闻的令人不可容忍的渴望。虽然这些渴望似乎是奇异的，比如对泡菜和冰激凌的渴望，但是它们可以反映出孕妇的营养需求。为了供养她自己和她的婴儿，孕妇必须平衡两者的营养需要。饮食不良的母亲会形成不达标准的胎盘。营养不良的胎盘不能像营养丰富的胎盘一样完成营养的运输，因此营养不良女性的胎儿缺少营养和氧气。

## 1. 铁

孕妇比一般的女性需要更多的矿物质和营养。孕妇的血液容量增加大约30%，由于这种增加，孕妇比正常人需要多得多的铁。通常，除非母亲有另一种健康问题，她的健康护理专家会建议在正常妇女饮食的基础上每天补充 30 ～ 60 毫克铁，因为一般饮食很难满足母亲和胎儿都需要的理想的铁量。

**注 意**

如果女性在怀孕期间不能满足对铁的充足需求，她可能会患上缺铁性贫血，这种贫血会降低母亲抵抗感染的能力。

正常女性能够吸收食物中 10% 的铁，而孕妇能够吸收 20%，这使孕妇获得大量的铁稍稍容易了一些，使利用一人吃进的食物维持两个生命成为可能。人可以从很多种食物中获取铁，但是最好的来源是肉类（尤其是动物的肝脏）、蛋类和豆类。

## 2. 叶酸和维生素

在怀孕期间，女性也会增加对叶酸的需要。叶酸在绿叶植物、某些水果和肝脏中含量丰富。孕妇饮食中叶酸的严重缺乏会导致巨红细胞性贫血。这种障碍发生在妊娠的后 3 个月，会使母亲的心脏、肝脏和脾扩大，因此威胁到胎儿的生命。

维生素 $B_6$ 和维生素 $B_{12}$ 对孕妇十分重要，这些维生素存在于全麦、牛奶和动物内脏中，$B_{12}$ 通常来源于动物性食物。畜产品中维生素的缺少可能导致大脑损伤或者学习障碍。

**重要提示**

严格的素食主义者和喜欢素食的母亲们在饮食中应该特别注意，胎儿需要的许多维生素和矿物质主要都存在于动物肉类和畜产品中。素食者尤其是严格素食的孕妇应该向医生或营养师进行咨询，以找到通过母亲的饮食来满足孩子需求的最好途径。

## 3. 钙和钠

有了维生素 $B_6$ 和维生素 $B_{12}$，孕妇还应该增加她对钙的摄入，每天需要增加额外 400 毫克的钙。400 毫克大约比 25 岁及以上女性的一般推荐钙摄入量多出 50%。母亲饮食中钙的大量增加最直接地帮助了婴儿骨骼的充分发育。正像铁一样，孕妇自然的吸收能力也增加了钙的摄入。

孕妇的钠摄入也必须改变。专家建议孕妇应该每天摄入 2 000 ～ 8 000 毫克的钠，而一般女性每天只要摄入 1 100 ～ 3 300 毫克。然而，像这部分中提到的所有其他维生素和矿物质一样，钠也必须小心使用。任何物质突然、剧烈的增加都会导致母亲和胎儿出现问题。

## 4. 体重的增加

孕妇不应该害怕体重的增加，孕妇的平均增重在 11.25 ～ 13.5 千克之间。虽然这看起来似乎是很多重量，但是请记住这里重量的增加不仅包括了婴儿还包括了增大的乳房、胎盘、羊水、扩大的子宫、增加的血液量、蓄积的脂肪以及保水量。

如果孕妇严格限制自己的热量摄入——这是一种减肥的流行方式——那么就会造成血液和尿液中酮的产生。当动物进入类饥饿状态时，就会产生酮。酮的过量产生能够影响婴儿的大脑，所以糟糕的事实是如果产生的酮量太高，出生的婴儿就会精神迟钝。

在妊娠的最终 3 个月中，应该最为仔细关注营养。在最后的几个月之前，女性体重的增加主要是由于婴儿身体上组织、血液量和脂肪蓄积的增加，也有部分是由于母亲增大的乳房和子宫。

# 六、母亲的疾病和药物使用

像我们已经了解的那样，胎盘运载着来自和去往婴儿和母亲身体的营养和废物。母亲摄取的任何有害物质都会通过血液传送到婴儿体内。虽然胎盘具有从进入胎儿的血液中筛选和屏蔽某些有毒物质的能力，但还是会漏掉一些有害物质，其中有一些是特别有害的。

致畸剂以及药物和病毒，胎盘是允许通过的。许多人知道带有艾滋病毒的孕妇有很大可能会将病毒传给她未出生的孩子。而且，如果母亲碰巧吸食海洛因，婴儿也会接收她平常海洛因的用量，结果婴儿出生就会有海洛因瘾。

**知识点击**

母亲吸烟也会对婴儿的健康造成重大影响。婴儿会接受母亲带进他身体系统中的尼古丁。这种物质导致婴儿不能吸收同样多的营养，因此造成不健康。异常严重的烟瘾也会造成胎儿大脑的缺陷。

未出生的孩子与其母亲的关系是一个人将会经历的最亲密的人类关系，因为婴儿在生物上依赖于母亲才能生存。母亲必须十分注意，她让什么东西进入了自己的身体也就让什么进入了婴儿的身体。

## 1. 胎儿酒精综合征

由于母亲不够注意进入其体内物质而导致的最为平常和声名狼藉的问题之一就是胎儿酒精综合征。大多数人所不了解的是，即使是少量饮酒也会影响胎儿的大脑。当酒精进入孕妇血液中时，它既抑制了母亲的中枢神经系统也抑制了孩子的。胎儿酒精综合征会引发孩子身体和认知的异常。患有更严重的胎儿酒精综合征的婴儿会出现头部过小和不对称，以及大脑异常等症状。胎儿酒精综合征已经成了儿童精神迟钝的最主要原因。

虽然胎儿酒精综合征在理论上是 100% 可以避免的，但是仍有一些母亲由于个人问题或困难的社会环境很有可能饮入过量的酒精，从而对她们自己和她们的胎儿都造成伤害。为了保护胎儿而对孕妇的行为施以何种程度的限制是有争议的。例如，你认为酗酒的孕妇是否应该被交给医院以避免她伤害胎儿呢？或者，她按照自己意愿行使行为的权利是否应该被尊重呢？还有接下来的问题，随着孩子的成长，社会是否必须解决孩子的医疗、教育和社会问题呢？

## 2. 糖尿病母亲

患有糖尿病的孕妇应该受到严密的监控，从而观察她的血糖是否维持在正常水平。如果母亲的血糖过高，胎儿本身出生时也会长得过大、过度发育和患有血糖问题。糖尿病母亲也在支撑胎儿和抵抗感染所需的适当营养方面有问题。

孕妇应该极大地注意监控哪些物质进入了身体。无保护的性交、药物使用，甚至错误用量的咖啡因都能使依赖她的胎儿陷入畸形甚至死亡的危险中。虽然在任何环境下都控制物质的滥用和依赖是十分困难的，但是一些女性能够在她们的孩子受到威胁时发现放弃的附加动机和支持。但是另外一些女性却做不到这些，她们忍受着这样的事实：自己的行为已经伤害了孩子，而孩子仍在成长和应付着这个世界。

## 第二十章

# 人的发育：幼年和童年

正如我们从上一章中了解到的那样，婴儿的生存依赖于他们的养育者。然而，这并不意味着他们自己就不学习和成长了。婴儿和儿童的成长与发育是非常显著的。最初的形成时期对一个孩子的发育而言是至关重要的。下面让我们来看看孩子怎样开始认识他的世界以及这个世界怎样影响他们。

## 一、身体成长

在幼年和童年时期，人类经历了许多身体上的变化。人出生的时候就具备了他将终生开发的大部分脑细胞，其余少量脑细胞也会在出生之后发育完全。当孩子出生的时候，他的神经系统还没有成熟。随着婴儿长大，他逐步发育出完整的神经结构，这赋予了他行使各种功能，比如行走和讲话的能力。

### 1. 成熟

婴儿要经历一个我们称为成熟期的过程，在成熟的过程中，生物成长过程使行为的变化以有序的方式进行。成熟的一个简单例子是所有人类以一定的顺序完成某些行为，例如在学会行走之前先学会站立。然而，如果一个孩子被严重虐待，他可能不会以与其他孩子一样的速度生长发育。

### 2. 记忆

大多数孩子在 3 岁之前不能将事物放进他们的长期记忆当中，这就是为什么绝大多数人不能记起他们 3 岁生日之前发生的事情的原因。人类的婴儿缺乏长时间保存经历记忆的神经连接。

父母花费在照顾婴儿上的时间（例如换尿片、喂奶和看医生），孩子并不会全部记住。稍稍长大的孩子会接受父母彻夜不眠照顾自己的故事，但是不会记得只时片刻。然而，这种记忆的缺失并不影响孩子在婴儿时期对其身边养育者的依恋。

> **知识点击**
>
> 研究已经表明婴儿具有短期记忆的能力。有多种不同的研究企图测试婴儿记住在其面前所执行的行动的能力，结果显示婴儿能够记住某些事情（比如认出他们之前看过的图片），记忆时间从1天到最长3个月不等。

# 二、运动技能的发育

在出生之后，人类的身体开始形成更为成熟的神经系统，随着更复杂的神经系统而来的是更复杂的行为。运动技能的发育给母亲带来了很多困扰，如果孩子在同龄人可以坐起或行走的时候还不能完成这些动作，许多母亲就会担心。就一般而言，除非受到虐待或患有某种抑制性的疾病，孩子们倾向于以几乎相同的速度发育形成这些运动技能。

运动技能分为两类：精细运动技能和粗大运动技能。精细（小）运动技能动用小肌肉，比如眼睛和手指，也同时调动身体的多个部位。粗大（大）运动技能显然涉及一些较大的肌肉，像胳膊和腿，也包括平衡和协调。

## 1. 不同的发育速度

孩子的大脑发育逐部分地进行，不同能力的发育有着不同的速度，了解这一点非常重要。如果一个孩子讲话和对语言的反应优于同龄人，而仍缺少同龄人的运动技能，那么这个孩子是没问题的。儿童大脑中的运动技能部分发育得比较晚，所以一个孩子可能已经能够有效地使用语言了，但是还不能行走。

处于不同文化之中的儿童也趋向于稍有不同的发育速度。例如，美国90%的婴儿在15个月时才学会行走，但在乌干达，大部分婴儿在10个月时就能行走了。即使是失明的孩子也与其相同文化中的同龄人同时开始行走，因为他们的成熟过程是相同的。

人类生来就具有吮吸、吞咽、呕出、排泄和呼吸的能力，但其他功能将随着婴儿神经系统的进一步发育而逐渐发展。人类的身体从头至脚逐步成熟，首先婴儿会运动他的头、脖子和肩膀，然后进行到胳膊、躯干，最后才是腿。婴儿在两周的时候应该就能够转动头部，8～9个月时能独立坐起，5岁学会跳跃，但像之前提到过的那样，这只是发育的一般略述，并不排除例外的可能性。

## 2. 运动技能的渐增发育

一些医生建议将大部分人认可的事物作为儿童玩耍的一部分，从而增强其运动技能的发展。例如，玩积木、翻书页和随意涂鸦对于初学走路的孩子都是有助于发展其运动技能的；剪纸、手指画和玩橡皮泥对学龄前儿童的运动技能发展也是相当有益的。这些活动最终会发展成为系鞋带、扣纽扣以及稍后的捉迷藏和跳绳。

> **注 意**
>
> 不要尝试强迫你的孩子在他做好准备之前就学会某种技能。从生物学上来讲，小脑在这一时期发育十分迅速，这使孩子能够在几乎相同的年纪学会行走。但是基因也影响了孩子运动技能的成熟过程，这就产生了个体之间发育速度上的略微差别，但大体上，这些差别通常在短期内就会扯平。

# 三、认知发育——儿童如何思考

如你所知，识别涉及与思考有关的所有精神过程。在这一部分，我们将大量地依据于吉恩·皮亚杰关于儿童认知能力的研究结论。虽然他的一些发现已经被之后的研究结果证明有所不同，但是他关于发育基本过程的理论仍是十分有用的。

## 1. 图示

皮亚杰的工作运用了图示的定义来理解儿童的认知过程。皮亚杰提出的基本思想是，童年时期的我们对一个经历塑造了一个模型，然后将与此经历相似的一切事物都放入相同的模型之中。例如，一个孩子会对家里的狗十分熟悉，并且对描述它的恰当词汇"家养犬"也十分熟悉。当他在电视中看到澳洲野狗时，他仍会把澳洲野狗叫作家养犬，将它综合在家养犬的图示之中。之后，随着孩子认知能力的发育，他会意识到存在着不同种类的家养犬，再之后他会明白澳洲野狗并不是家养犬，并且适应这种变化。

## 2. 认知发育的阶段

皮亚杰将认知发育划分为 4 个阶段：感觉运动阶段、前运算阶段、具体运算阶段以及形式运算阶段。这些阶段之间的转变不是突然而是逐渐出现的。

第一阶段，感觉运动阶段，从出生开始持续到孩子大约 2 岁。在这一阶段中，孩子通过他的 5 种感觉独自感受世界。第二阶段，前运算阶段，从大约 2 岁持续到 6 岁左右。这一阶段是儿童学习运用语言的时期，但是还没有理解事物逻辑，虽然这一阶段的儿童确实拥有符号思考的能力，利己主义也是在这一阶段纳入的。根据皮亚杰的理论，利己主义是"前运算阶段的儿童对感受其他人立场的能力缺失"。

例如，如果孩子画了一幅画向母亲展示，他会期待母亲确切地知道纸上画了什么，因为在他的眼中，这幅画的内容一清二楚。利己主义也解释了为什么挡住眼睛的孩子会认为母亲也看不到他自己——于是就有了不计其数令人兴奋的"躲猫猫"游戏！

下一阶段，具体运算阶段，从儿童 6 岁左右持续到 11 岁左右。在这一阶段，儿童能够运用逻辑思考具体事件所需要的精神运算。在具体运算阶段，儿童开始掌握笑话和算术问题的概念。

最后一个阶段，形式运算阶段，大约从 12 岁开始。这一阶段的儿童开始能够对抽象概念进行逻辑思考。虽然皮亚杰理

**重要提示**

盲目惩罚儿童的人不理解利己主义。他们看到孩子固执地站着，挡住了电视机，就会因此而惩罚孩子。他们没有意识到孩子的想法是：我能看到电视，那么父母也一定能看到。

论的某些观点受到了挑战，但是人类主要的认知发育似乎还是遵从了皮亚杰模型的轮廓。

# 四、语言发育

语言似乎不是心理学关注的一个重要部分，但是一些心理学家认为语言是将人类从动物王国中分离开来的关键事物，因此语言也是心理学家一直不断研究的内容。

行为心理学家，例如斯金纳，会说语言之所以被学习是因为儿童受到了讲正确词汇的正面增强。当孩子第一次讲出"妈妈"或"爸爸"时，父母会拥抱、亲吻和微笑，促使孩子再次这么做。

心理学和语言学家诺姆·乔姆斯基站在生物学的立足点上来看待语言。他主张人类是生下来就能够讲话的，也就是说人类被预置了语言。乔姆斯基注意到所有语言共享了一般的特征（比如最常用的词汇通常都是最短的），他还说语言以这种方式发展，是因为人类预先接受了这些特征。

> **知识点击**
>
> 儿童很少会犯低级的语法错误，比如将"我的球"讲成"球的我"，尽管他们还没学习正确的主语、动词、宾语规则。这一事实证实了乔姆斯基的想法：人类的语言是预先设置的。

## 1. 语言发育

来自不同文化的儿童似乎都普遍遵循了相同的语言发育规律。大概 4 个月的时候，当父母开始指向和标记事物时，孩子会和父母看同样的方向。12 个月时，孩子通常开始说话，讲词汇的变体比如"妈"或"爸"。正是在他们发育的这个阶段，儿童会犯过分扩展的错误。过分扩展的一个例子是孩子将所有男性都当作"爸"。孩子到 12 个月后也会使用简略表达法。简略表达法就是用单个词来表达一个完整的意思。例如，1 岁的孩子会说"汽车"，当她（他）真正的意思是想去兜风的时候。

在 18 ~ 24 个月时，儿童发展出电报式的或者叫两词式的语言。在这一阶段，儿童删除了不重要的词汇，以一种非常"泰山"（美国影片《人猿泰山》的主人公）的方式讲话。比如孩子想要说"把水杯递给我"会只说"给水杯"。在 24 个月之后，儿童的语言迅速发展。然而，一旦孩子学习了语法规则，犯过分规则化的错误就稀松平常了。

## 2. 语言获得的临界期

在幼年到青春期早期的阶段，语言获得存在一个临界期。这时大脑特别容易接受语言。这一时期的儿童如果没有受到正确的教育，那么他将永远赶不上那些受过讲话教育和身处讲话者周围的一般成年人。一个在没有交谈环境中长大的孩子不能完全获得或理解语言的规则。

### 心理学大考场

**什么是过分规则化？**

过分规则化是指儿童过度应用语法规则。例如，英语国家的孩子会说"我把表藏了起来（I hidded the watch，但 hidded 是错误的过去时表达方法，此处正确的应该是 hid。）"，然后觉得这一陈述没有任何语法错误，因为孩子过度规则化了他所学的过去时态规则。

对于儿童而言，学习语言的相当大部分过程是身处讲话的人周围。虽然孩子在学校中被教授造句的正确方式和新词汇，但和家人在一起的生活更会帮助他们从起点学会正确的语言知识。父母是聋哑人的儿童有时会延迟学会口语的时间，虽然他们也经常接触到很多听得到声音的成年人。很多聋哑父母的孩子学习手语为第一语言，并且像讲任何其他母语的人一样流利。

## 3. 大脑机能

大脑有两个区域分别对发展语言技能和维持语言技能两方面起作用。韦尼克区是大脑中掌管语言理解和表达的区域，通常位于左颞叶；布罗卡区是大脑中指挥涉及交谈的相关肌肉的区域，通常位于左半球的额叶。如果这两个区域中的任何一个受到破坏，如损伤或撞击，就会产生特异性的语言问题。韦尼克区受伤让人只能以外来者的角度发表无意义的言论，这对于受伤的人而言似乎是正常的。布罗卡区受伤会使人挣扎着讲话，但不能理解语言。

# 五、自我感的发展

自我概念是一种对个体身份和个人价值的感觉。在 12 岁左右时，自我概念开始建立，发展心理学家不能判断婴儿的自我概念，因为对于自己讲出的话都几乎不能理解的人来说问题的确太困难了。然而，这些心理学家利用婴儿和儿童的行为来假设他们的自我感觉。

在 15 ～ 18 个月左右，孩子开始认识镜子中的自己。当孩子开始上学，他们依据与其同龄人的比较来描述自己。当年龄到了 8 或 10 岁的时候，无论好坏，稳定的自我形象已经完全形成。

> **注 意**
>
> 不要低估儿童自我形象的重要性。具有积极自我形象的儿童更加自信、更善于交际和更加独立，同时他们通常具有乐观的处事态度。而具有消极自我形象的儿童则与之相反。

## 1. 父母养育的类型

孩子的自我形象受他的养育者的养育类型影响。心理学家已经确立了 3 种不同的养育类型：威权型父母、放纵型父母和威信型父母。威权型父母设立规矩，发号施令，如果没有遵守规矩，父母就会惩罚孩子。放纵型父母按照孩子的意愿行事，很少对孩子的错误行为实行惩罚。威信型父母是处于两者之间的合适形式，父母设立和执行规矩以施加适当的控制，但是也会解释遵守规矩的原因。父母对讨论持开放态度（事实上是鼓励的），在制定规矩的时候会考虑折中和例外。

## 2．养育怎样影响发育

很多研究显示，威信型父母的孩子适应性好，并且是快乐的。威信型父母的孩子拥有最高的自尊、自信和社会能力，那些受到稍有控制的抚育的孩子具有更高的主动性和自信心。过于放纵的父母养育出的孩子通常显得更加无助和无能，在处理挫折或限制方面存在困难。

**重要提示**

记住：围绕养育类型的研究是相互关联的。许多介绍性的初级心理学课程都会清楚地陈述："相互关联并不是因果关系。"其他原因，比如教育和压力水平也可能塑造出一个能力较差和较内向的孩子。

# 六、社会和情感发育

婴儿会和为他们提供照料和抚养关系的人建立强烈的情感依恋，这不是一个秘密。婴儿对家庭成员的面孔很熟悉，见到他们的面孔和被他们拥抱时婴儿会做出积极的反应。然而，当婴儿与从未谋面的祖母接触时，情况就完全不同了。当婴儿从熟悉的母亲手中被传到慈祥但不熟悉的祖母手中时，他很可能会做出与面对母亲时不一样的反应。婴儿会哭，将手伸向更熟悉的妈妈。这种恐惧叫作陌生人焦虑，它出现在6个月到2岁的婴儿身上。

## 1．依恋

依恋是与另一个人的情感维系。在小孩子身上，依恋体现在他们期望被父母或其他熟悉的养育者拥抱，当分离的时候变得不安或忧郁。依恋是一种生存刺激，就像你在非洲看到幼狮跟在母狮身后一样，人类——婴儿待在母亲身边也是寻求保护的一种表现。

依恋来自母子关系中的3个重要因素：身体接触、熟悉和负责任的养育。婴儿寻求和母亲或主要养育者的身体接触。柔软、温暖的身体给了婴儿一个安全的天堂，从那里婴儿探索着他的周围，那里也是婴儿不安时想要去的地方。母亲或养育者的身体是婴儿的重要依恋对象，因为那里象征着安全。

熟悉建立于婴儿的关键期，也就是出生之后的短暂时期，那时婴儿处于将要产生适当发育的刺激之中。对于建立孩子对主要抚养者的依恋而言，正如在被收养孩子身上也能看到依恋那样，婴儿一出生就与抚养者接触是不必要的。但是人类的依恋发展得非常慢，从婴儿与其主要抚养者接触开始，依恋就在慢慢形成。

## 2. 依恋的形式

依恋具有两种形式：安全依恋和非安全依恋。当母亲在场时，安全依恋体现在婴儿能够在新环境中快乐地玩耍和探索；非安全依恋的婴儿不会渴望探索周围的环境，而是会贴住他母亲。对安全和非安全依恋婴儿的一个解释就是母亲的行动。

对孩子作出敏感和关注反应的母亲最有可能养育安全依恋的婴儿，而对孩子不敏感并且忽略孩子的母亲最有可能养育非安全依恋的婴儿。孩子的性情也会影响父母的行为。例如，一个通常更加焦虑、不喜欢搂抱、容易不安的孩子，和一个愉快、平静、放松的孩子会引起不同的父母行为。事情总是双向进行的。

本章的很大篇幅都提到了孩子对母亲的依恋。虽然在儿童的成长发育中，对母亲的依恋看起来是一个非常非常重要的角色，但是父亲的存在也制造了很大的不同。当然并不一定是生母或生父来满足孩子对依恋的需要，孩子生活中有安全、照料、可依赖的成年人的存在，就是抚育能够健康发育孩子的关键所在。

**知识点击**

虽然人们认为母亲为孩子提供了最多的养育，但是父亲的存在对孩子的发育而言也很重要。研究表明，在没有父亲的环境下长大的儿童更具有各种危险心理和社会病态。当然，不论是单亲母亲还是单亲父亲，通常随之而来的都是贫穷、压力增加和拥有很有限的资源，这都影响了他（她）们能够供给孩子的东西。

扫码获取更多资源

第二十一章

# 人的发育：青年期

对于许多人而言,青年期一词会带来十几岁时的 4 种记忆：和父母争吵、努力将自己确认为独立个体、通过群兽式的方式来抵触这种新建立的独立个体以及在同龄人中炫耀最时髦的穿着。这种动荡时期就是我们接下来将要探索的内容。

## 一、生长迸发，进入青春期

人类的青年期开始于青春期的发端。对青春期的描述,除了说那是十几岁时最难应对的一段时期,更确切的说法是什么呢? 青春期是一个人在身体上变得能够繁殖后代的时期。激素的大量分泌开启了青春期之门,随之而来的是历时几年的身体迅速发育。我们都从教育录像中看到过,每个人青春期开始的时间有差异。但是,女孩的青春期通常开始于 11 岁左右,男孩开始于 13 岁左右。

### 1. 青春期的特征

青春期最引人注意的是几乎每个孩子都会经历的生长迸发,这令他们的体型看起来很尴尬,因为通常竖直方向上总是比身体其他部分长得要快。女孩比男孩先进入青春期,所以总是有一段时间同龄的女伴会比男孩高。然而,当男孩进入青春期（大致在 13 或 14 岁）后,他们会赶上并超过同龄女孩的高度。

在青春期中,人发育了第一和第二性征。第一性征的发育包括生殖器官和外生殖器的迅速成长。第二性征的发育包括诸多特征的发育,比如女孩的乳房和较宽的臀部,男孩的低沉嗓音和胡须。

## 2. 性吸引

这时，男孩和女孩开始感到彼此之间的性吸引。在这个阶段，生殖器官不仅开始快速发育，而且开始发挥它们在生长过程中的功能。男孩会在 14 岁左右经历他们的第一次遗精（被称为梦遗）。女孩在 13 岁左右经历她们的第一次月经期，也有一些女孩会早在 9 岁就经历了这些。第一次月经期称为初潮。

## 3. 快速发育的影响

研究发现，比同龄人更快发育的男孩会显得更加受欢迎和独立，因为肌肉的发育促成了他们的骄傲。然而，比同龄人发育更早的女孩更可能被看作受排挤者，因为乳房的发育和经期会令她们在运动中显得逊色，不能获得欢迎（不管当事人怎么想）。比同龄人发育较早的女孩与比同龄人发育更早的男孩相比，更容易受到嘲笑。

**注　意**

现在的研究表明，9 ~ 11 岁的女孩明显变得更加不独断，她们倾向于将别人，尤其是男孩的需要放在自己的需要之前。这一变化对于女孩自尊、自信和与其他女孩间关系的建立有着明显的影响。

# 二、认知发育——青少年怎样思考

青年期似乎是一个非常麻烦的阶段，尤其对于父母来说。在进入青春期和更了解他们周围的世界之后，青少年开始努力摆脱父母的影响，发展成为具有自我的人——叛逆性格产生。

青少年开始建立抽象推理技能。正是在这一部分生活中，青少年能够探索抽象思维。随着努力指出它们是什么和他们是谁，青少年开始批评他人和自己，尤其是父母的，于是引发了很多父母与青少年之间的典型"战争"。

## 1. 前习俗道德

青少年也开始建立道德感，学习区分好和坏以及形成他们对选择的看法。心理学家劳伦斯·科尔伯格（1927 ~ 1987）研究儿童和青少年的道德发育,并把它划归为 3 个阶段。他认为第一阶段是前习俗道德。在第一阶段里,或者为了避免惩罚或者为了获得表现"好"的奖励,儿童甚至青少年只会遵守规则,选择做对的事情。第一阶段主要涉及 9 岁以下的儿童。

## 2. 习俗道德

第二阶段为习俗道德阶段。在这一阶段,青少年将开始拥护法律,因为他们明白规则的概念,并且明白他们应该遵守。这也是青少年开始在没有他人关注下做好事的时期。在这一阶段,通过做好事来获得社会秩序的接受是关键的。如果一个青少年选择做错事,那么他不会被作为积极影响的社会秩序所接受。

## 3. 后习俗道德

道德思想过程的第三个也就是最后一个阶段是后习俗道德。这是一个高级阶段(青年早期基本不会达到),这时青少年会依据他自己的基本伦理原则来行动。这一阶段完全与父母、朋友和权威形象分离,但是孩子的发育可能已经受到了上述人的影响。这个阶段中青少年只根据自己心中的理想来做出决定。然而,很多

> **知识点击**
>
> 青春期是这样一个时期:虽然我们的大部分道德思想已经形成,但是我们还是不能选择跟随脑海之中的哪个声音,因为决定权在我们周围的同龄人手里。研究已经显示,虽然十几岁的青少年具有一套标准,但是他们会为了适合人群而跨越这些标准。

心理学家就后习俗道德阶段提出了反驳,他们认为只有对那些生长于提倡个人主义的西方国家的孩子,这一阶段才是值得注目的。

## 4. 道德发育的不同

在男孩和女孩之间存在着一些道德发育的不同。卡罗尔·吉利根做了一些有趣的研究,它们显示从整体上看女孩和男孩发展建立不一样的道德。在海因茨难题(海因茨之妻得了重病,但他无钱购药,于是去药店偷药救了

妻子的命）中，孩子们必须决定是否去偷药来救濒临死亡的妻子。女孩倾向于人道的伦理——"正确"意味着对人和关系有好处，即使它触犯了法律；处于同等阶段的男孩相信"正确"意味着行为紧密地追随法律或者统治社会的规则。虽然科尔伯格将人道作为发育低级阶段的基础，吉利根认为女孩和男孩在道德理解上发育水平相当，但是由于我们文化中的女性通常负责照顾，而男性负责保卫生命和财富，所以我们沿着平行但是不同的轨迹成长发育。当然，这是两种情形的概括论述，但也是值得思考的。

# 三、形成身份感

青年期是人类发育中一个非常重要的部分，正是在这个时候，人们将会总结他们的整个生活并且决定他们想要成为什么样的人。十几岁的青少年会尝试不同的角色直至决定他们最适合哪种身份，或许是大学预科生，或者是运动员。青少年会和周围不同的人尝试不同的角色，在他们学校中的朋友和做运动的朋友周围以不同的方式行事。

虽然试图建立一种身份，但是青少年也形成了与他人亲密接触的能力。在此，

**重要提示**

行为的这一改变可以通过生物学立场得到解释。处于这个时期的人正在寻找求爱的机会，或者可能更甚，正在求爱当中，因此会为了获得一个伴侣而表现出恰当的重要生物面貌：男性作为提供保护的一方，而女性作为养育者。

性别角色变得非常不同。女孩倾向于拥有几个非常要好的朋友，而男孩会和几大群男孩子逗留在一起。女性开始变成男孩和女孩都想要分享感情的对象，而男孩们会倾向于开始变得专横跋扈和不善言谈。

建立身份感对和父母的关系也带来巨大压力，青少年为了找到他们合适的身份，倾向于脱离童年时期与父母间的强烈关联。同龄人的影响开始代替父母的影响，当十几岁的青少年与父母间的联结破裂的时候，他们遇事就会向朋友寻求建议。

第二十二章

# 人的发育：成年期、衰老和垂死

我们已经进入了人类发育的最后阶段，这也是本书的最后一章。在本章，我们将探索发生在成年期的变化。虽然很多人带着恐惧感来看待衰老，但本章会说明老年人非常有能力去享受圆满、健康和积极的生活。

## 一、身体健康

当人们谈到衰老的时候，首先最可能想到的就是身体健康上的变化。很多人将衰老和无数药物、疾病、生活不能自理以及等着死亡的身体联系在一起。然而，这是一种错误的概念，尤其是在当今社会，人们会过着更长寿、更健康、更丰富的生活。

成年期有 3 个阶段：成年早期（二三十岁）、成年中期（四五十岁）和成年后期（60 岁以后）。没有哪个阶段可以避免，所有人都会经历和衰老相连的痛苦。伴随着衰老，身体发生了一些变化，但即使是这些变化也不一定必然导致晚年活动不便。决定晚年身体状态的主要因素是在年轻时你怎样对待它。

### 1. 现在健康，以后也健康

研究显示，很多在晚年导致死亡或衰弱的疾病都开始于成年早期。在成年早期怎样对待你的身体会直接影响到你晚年的身体状况。

众所周知，饮食对我们的身体健康十分重要，不管是年轻时还是年老时。现在建立健康的饮食习惯，你不仅更可能在晚年保持那些习惯，而且会避免一些今后影响健康的疾病。无论你现在是一个青少年还是已经进入成年后期，采取健康的生活方式永远都不会太晚。

### 2. 现在精力充沛，以后也精力充沛

作为一个典型的年轻成年人，你正值生命中的最佳时期，至少就身体适应性、健康、强壮度和精力而言是这样的。虽然目前是全盛期，但并不意味着你不能将能量水平保持到中年和老年。研究显示很多在成年早期积极活跃的人，创建了对于活动的身体期待，然后他们会成为十分积极和精力充沛的老年人。诚然，存在约束活动的外界因素，比如骨质疏松症、关节炎和器官方面的各种疾病。即使这样，有规律的运动还是能够增加一个人过上健康和无疾病的生活的机会。

**注 意**

年轻时久坐的生活方式会持续到你的晚年。因为老年人确实要经受一些身体能力上的退化，比如力量和柔韧性，至关重要的是久坐的生活方式并不能帮助减少那些退化。

如果在年轻的时候你能够有规律地进行一些锻炼，无论是步行还是每天在健身房里度过 1 小时，你的身体就会变得期待那种运动，如果松懈下来你会感到自己处于消沉之中。将锻炼放进你现在的例行公事之中，那么你晚年继续锻炼的可能性就得到了提高。并没有所谓的老年人不能锻炼之说，事实上，这是值得高度提倡的，因为那些进行规律锻炼的人发现，他们能够比不锻炼的人活得更加积极和愉悦。虽然老年人不具备年轻人的能量水平、力量和精力，但是体育锻炼可以将这些素质保持在你所参与的活动水平之上。

# 二、成年中期的变化

处于成年中期的人们将会经历一些剧烈的，影响其生活方式的变化。虽然大多数人会认为这一时期是最有压力和最不愉快的日子，但若问过那些正处在中年时期的人，你就会得到不一样的答案。

这个时候，孩子们通常都离开了家，父母现在又回到了只有他们自己的生活。诚然，一些父母会因为难以适应没有孩子的生活而患上空巢综合征，但这只是暂时的，一旦他们发觉这种再次得到的自由，处于中年的成年人又

会像孩子一样行为轻松。

很多人利用这段时间来重新评价他们的生活（在此，一些对中年危机的误解可能开始活动了，我们稍候将会讨论），思考他们已经完成了什么以及他们还想要完成什么。这常常是一个充满新冒险、新嗜好和更多社会牵连的时期。

**知识点击**

衰老的过程不会带来中年危机。那些造成"中年危机"的事情是剧烈或突然的生活变故——比如爱人的去世或者失业。

## 1. 更年期

更年期是中年女性的一个热门话题，这是身体发生巨大变化的时期，月经终闭，卵巢停止产生雌激素。虽然你会常常听到关于更年期的可怕故事，但大多数女性会冷淡或积极地看待它——女性终于从担心怀孕和应对生理周期的困扰中解脱出来。当然伴随着更年期还有一些身体症状，因为身体要适应雌激素的减少，最普遍的症状是潮热。更年期并不会将女性扔进抑郁中，不会让她感到易怒，也不会引起失去理性的行为。一些女性确实会经历一些严重的身体症状，但发生这种状况的几率是非常小的。

## 2. 中年危机

有一种流行的误解，那就是男性通常要在成年中期经历中年危机，他们的个性似乎在一夜间改变了，似乎又突然退回到了年少轻狂的年纪。这种理论显然是没有根据的。男性在任何特殊年龄阶段都不会经历任何类型的危机，在这几年中，事实上只是会重新评价优先权和目标。

虽然在这个时期男性拥有时间、金钱和兴趣去钻研新的嗜好或购买昂贵的玩具，但这和危机无关。相反，这被认为是一个精神健康的丰富时期，而且男性不会比女性更加易感中年危机。

# 三、认知成长和衰退

不幸的是，一些精神机能确实会随着年龄减退，比如记忆、推理和解决复杂问题的能力。但并不意味着这些能力必然会消失，只是有时候处理它们需要更长的时间。例如，你会注意到和年轻人比起来，老年人想起名字或其他信息所需要的时间更长。信息仍然在那里，只是认知处理的速度减慢了，所以有时候提取那些信息就显得相对困难。利用演绎推理的能力和（或）用新信息解决问题的能力也随着年龄的增长而减退。虽然你的大部分精神处理能力都面临着衰退，但事情并不像听起来那么坏。虽然令人烦恼，但这并不意味着老年人就会变得不能照顾自己。

**注　意**

很多人认为变老就意味着变得抑郁，对以往感到刺激的活动变得缺少兴趣。这显然是不正确的。虽然抑郁确实会影响老年人，但这两者并没有必然的联系。有许多老年人正在度过他们人生中最为快乐的时光。

　　不是所有的精神机能都随着年龄的增长而减退。你一生都在不断使用的一些技能，比如定义词汇的能力在晚年也会保持稳定并且可以从记忆中提取出来。最好的事情是这些技能甚至可能提高！当然，这取决于你所接受的教育，以及你运用该特殊技能的经验的多少。

## 1. 可处理的认知条件

　　值得感激的是，学者已经能够排除一些预想的老态龙钟观念和从前认为与年老相关的其他条件。这些条件不仅不会随着衰老过程而到来，它们还可以改善，最终达到提高老年人生活质量的目的。

　　例如，老态龙钟曾一度被认为是年老带来的副产品。然而，近来的研究显示很多老态龙钟根本不是真正的老态，而只是某种药物或几种药物同时使用的副作用。如前所述，锻炼和适当的饮食能够对维持一个人的能量水平、力量和耐力起到很大帮助。另外，虚弱曾经被当作年老后不可避免的结果，但现在人们知道老年人完全可以拒绝虚弱。医生可以帮助病人制定锻炼和饮食计划，从而令他们过上更加积极、有活力的生活。

## 2. 阿尔茨海默病

　　阿尔茨海默病（俗称老年痴呆症）常常"划过"那些担心衰老者的脑海，

当然这也是合情合理的。阿尔茨海默病是一种变异性疾病，将导致脑细胞的功能受损。患有阿尔茨海默病的人具有各种各样的症状，包括记忆丧失、定向障碍、推理困难、个性改变、激动、焦虑、产生错觉、产生幻觉以及不能完成常规性任务。这样一种疾病无论对病患本身还是对其家庭而言都毫无疑问是极其可怕的。

阿尔茨海默病的持续时间有长有短，可能是 3 年，也可能是 20 年。虽然目前还没有治愈的办法，但有几种药物可以用于减慢其退化过程，以延长病人自理生活的时间。但是，最终疾病还是会发展到病人需要 24 小时看护的地步，甚至可能由于脑部功能的丧失而导致死亡。

没有人确切地知道是什么引起了阿尔茨海默病，但是众所周知，年龄在该病的发展中发挥了一定作用。这并不是说每个达到或超过 65 岁的人都会得这种疾病。当然，一些人比其他人更容易患此病，尤其当家庭成员中有人有这种病史时。

# 四、退休

从全职岗位上退休，被看作人生中的重大事件之一。尽管我们总是在抱怨自己的工作，但就社会、经济和个人身份而言，工作仍是我们生活中的一个重要部分。在工作了 40 余年之后，一旦退休，人总是会感到一种明显的失落。工作场所以建设性的方式为我们提供了一致性、日常程序、社会氛围以及时间的消磨。这些一旦消失，人会感到像失去爱人一样的感受。突然间一个人就剩下了手中大把的时间，更少的钱，有时甚至还有一种无价值感。

这并不意味着每个退休的人都会有这样的感觉。个体怎样应对退休取决于无数的因素，包括家庭生活、他们为退休所做的准备、社会倾向以及身体健康程度。那些拥有家庭支持，有足够储蓄不必为经济问题担忧，拥有工作场所之外的社交结构和身体状况良好的人能够更好地应对退休，并且将其看作一种可以享受的自由。那些没有家庭，朋友很少，除工作场所之外没有社交团体，健康状况差的人更容易将退休看作一种不可替代的损失。这样的人会滑入抑郁，症状较轻的也会感到悲惨和不快。他们四处游荡，感到自己似乎不再拥有生活的目的或用处。

压力伴随着任何形式的生活变故，完成从工作到退休的转变，对很多人来说都是一种挣扎。然而，你能够战胜这种挣扎，只要做好充分的准备，你就能够面对任何心理骚动。只要事先了解，并做好适当的计划，当事情来临的时候，你的情绪就会放松一些。当然，你还是必须经历一个调整期，但如果能够以乐观的态度看待事情，退休之后的生活就会更加愉快和丰富多彩。

**重要提示**

如果你发现自己正面临退休，花上片刻时间写下自己喜欢的活动、想要完成的计划或者愿意尝试的新嗜好。那些能够找到退休后消遣时间的方法的人更容易完成一个平缓而且积极的转变。

# 五、死亡——发育的最终阶段

当然，死亡是人类发育中不可避免的最终阶段。虽然死亡可能发生在任何年龄，但处在晚年的人会比其他人更加关注死亡。他们知道自己不可能永远活着，并常常开始为死亡做打算。不是说他们开始计划自杀，虽然有人这么做，更确切的说法是他们开始统计自己的财产，并且准备好一旦去世就以某种方式将其提供给家庭，提前计划葬礼的安排，或者建立或更新遗嘱和托管财产。

对一些人而言，为死亡做准备的想法相当可怕，但这确实为老年人制造了某种程度的心理平静。处于成年晚期的老年人很可能已经经历过至亲至爱者的去世，他们理解死亡会给活着的家人和朋友带来怎样的影响。通过为自己的死亡做准备，他们能够放心地知道自己已经尽一切努力地、尽可能平静地安排了埋葬的过程、葬礼和遗产分配。一些人甚至深入到葬礼中要唱哪首歌、诵读怎样的挽歌等细节的程度，这样就能免除至爱的人在丧亲之痛下还要做出决定的负担。

这并不是说所有的人都准备好了接受将要死亡的事实，有些人惧怕死亡，因此从来不为去世做准备。无论你的信仰怎样，死亡都是不可避免的，所以，去寻求你的精神健康，尽你所能地令余生得到最大限度的愉悦吧！